國際會議經營管理

經營管理

徐筑琴 著

Convention Management

五南圖書出版公司 印行

自 序

　　「國際會議經營管理」是觀光事業學系近年來新規劃的課程，國際會議及展覽的舉行，不僅創造國際會議及展覽行業的發展，也帶動了與會議有關的周邊行業的經濟效益，諸如與觀光有關的旅館業、餐飲業、旅行社、航空公司、交通公司、遊樂區、觀光景點等，也為與會議直接有關的會議中心及會議場地、會議顧問公司、翻譯公司、資訊網路業、公共關係業、以及間接相關的廣告、媒體、印刷業、文具禮品業、花藝、保全等提供了經營市場。

　　會議產業是近年來成長最為快速的服務業之一，參加會議及展覽人士與觀光客所需要的各種相關行業都有密切的關連，而且會議人士的平均消費額是觀光客的三倍以上。因此「國際會議經營管理」課程納入觀光相關科系的課程範圍，是非常務實的規劃。

　　歐美各國會議的學術課程於1976年美國的科羅拉多州丹佛社區大學開始實施，距今僅有三十年的歷史，因此學術性的教材著作相對有限。而在台灣「國際會議經營管理」更是這幾年才在大學開設課程，中文的教材付諸闕如，為了教學的需要，筆者參考國外有關著作及相關網站，自編講義作為觀光系課程教材，經由九十三學年度的教學研討會的討論集結成書出版，由於撰寫時間倉促編撰還有疏忽之處，尚請諸位先進學者專家不吝指教。

　　最後感謝外子陳運揚船長在筆者剛擔任國際會議課程時，在國外蒐集教材資料並作初步的翻譯工作，才能使本教材有了初步的雛形，感謝他生前為這本書所做的奉獻。

　　本系各位老師在觀光系教學研究會議中提供許多寶貴的意見，特別在此致謝。

徐筑琴 謹識

目　　錄

第一章 緒 論

會議產業是近年來成長最為快速的服務業之一，原本會議業是屬於款待業（Hospitality Industry）的一環，而款待業包含了旅遊業、遊樂業、住宿業、交通業及相關的飲食、娛樂等觀光客所需要的各種相關行業，由於參加會議及展覽人士與以上行業都有密切的關連，因此最初就將會議業納入了款待業的範圍。直到1949年美國的會議業者才將會議自款待業中獨立出來，籌組自己的專業會議協會，開始了會議與展覽業的另一境界。

一、前言 —— 會議的歷史

　　在人類早期紀錄中，會議（Meetings）為人們生活的一部分，考古學者在古文化遺跡中發現每一村落、部落、市鎮、城邦，在其建築的城鎮中，都會有一個類似公共的討論場所，讓其市民聚集在一起，討論社區利益、狩獵計畫、戰時活動、和平協議、部落慶典等公共事宜，利用這樣的一個廣場共同討論，解決問題，取得共識，漸漸的才有了會議的模型出現。

　　公元前4000年的古歌謠記載，中亞細亞的巴比倫人為貿易及娛樂而旅行，每到一個城市將所攜帶的貨物展售出來，商人們聚集從事貿易行為因而形成市集，規模擴大以後就有展示會之產生。其他如古埃及雄辯的農民、希臘及羅馬百姓的聚會、亞瑟王的圓桌會議，以及宗教會議、早期商展、職業公會、兄弟會等，都形成了會議及展覽的模式。當一個城鎮不斷成長，並將周邊地區併入逐漸擴大，貿易物資需求增加而形成了重要的商業中心城市。這些重要城市通常都是財務、技術、工藝等各種情報資源交流供給中樞，配合著地理位置的優勢及交通的便捷，很自然就會形成聚集各行各業討論共同課題的中心。貿易協會、各類職業商會、宗教及社團組織等組織蓬勃成立，也自然利用城市聚集作為會議的場所。

　　公元1745年的工業革命發明了蒸汽機，使得大眾交通工具的蒸汽船、火車相繼發明。1890年工業革命以後，電報、郵件、電話等相繼推出，通訊功能大為改進，人口迅速向都市集中，中產階級興起，經濟能力獲得改

善，到外地旅行及經商更爲方便，這些中產階級人士也渴求去開發更遠的新世界，尋求新的市場，創造更好的商機。因此貿易展覽等商業聚會應運而生，各種政治、經濟協商會議也成爲必須的步驟。

二、現代會議產業的形成

　　雖然歐洲的歷史較美國悠久，也有許多貿易性、職業性、兄弟會及宗教團體等組織定期舉行會議，爲會議產業留下了很好的根基，第一屆世界博覽會就是1851年在英國倫敦舉行的。但是會議產業的成形還是以美洲的發展爲中心，十八世紀中葉北美東部逐漸產生大量會議的活動，因而促成了會議產業的雛形。而北美會議產業的形成有以下幾個重要的機制，分述如下：

㈠底特律會議局：北美洲的底特律是一個因工業革命興起的工業大城市，又因鐵路交通的通過，使得商務活動頻仍。1895年一些當地的商務人員認爲在當地舉行會議，可以給當地相關產業提供相當有利的收益，所以成立了一個會議局，向各界推銷在底特律舉辦商務會展及其他各類會議，並提供會議所需的各項需要和服務，因而吸引了各組織皆到底特律來開會，不久美國其他城市也跟著效法成立會議部門。現在全世界的大城市也都設有會議局的機構，推展會議及觀光的產業。

美國第一個會議局

美國的第一個會議局（Convention Bureau）於1895年在底特律成立。當時是在工業革命後，人口集中到大都市，美國於十九世紀中期，各大都市有鐵路聯絡，使工業化更形集中，都市間之競爭也開始激烈。到1890年時，電報、郵政、電話相繼出現，促使都市的工商活動更形方便而蓬勃發展。當時就有一些在工業都市火車站附近的大旅館成爲會議之場所，並開始促銷「會議」產業。在1893年的經濟衰退（Depression），使工商業受到打擊，連帶影響

到「會議產業」，因此1895年底特律的商人及政府雇用了一位推銷員到各地去銷售。這種新的行銷方法很快就被其他城市仿傚，所以到1900年代初期，全美有近三千個這種組織。剛開始這些組織只做會議的推廣和服務，但後來也推廣「觀光」，所以又將名字加了 and Visitors 之字樣，成了 CVB。

NTO 和 CVB

NTO（National Tourism Organization）：即國家觀光局，有些也稱爲旅遊局，是政府單位，但也有些國家以法人之形式組成，以便利辦理宣傳推廣。

CVB（Convention & Visitors Bureau）：會議旅遊局，屬地方（城市、州、地方等），可能屬政府單位、地方商會或獨立之法人組織，非以營利爲目的。其收入來自政府資助、旅館稅（在美國平均爲11%），及會費收入等。主要工作在辦理會議及觀光之行銷、推廣和服務工作。

資料來源：www.taiwanconvention.org.tw

國際會議經營管理

4

(二)款待業協會：款待業（Hospitality Industry）常被認爲就是觀光業的代名詞，因爲款待業包含旅遊業、遊樂業、住宿業、交通業及相關的飲食、娛樂等觀光客所需要的各種相關行業，這些與觀光客有關的事業在1910年成立了第一個職業性組織。這個組織後來演變成了今日之美國旅館及汽車旅館協會（American Hotel & Motel Association，簡稱AH&MA）。

聯合國給觀光客下的定義爲「一個人爲了休閒或業務的目的，於一年內至少一晚離家在外，這其中不包含外交、軍事人員及在學的學生在內」。而出席會議者和參加商展者其需要的場地、食宿等與觀光提供之服務幾乎相同，而且參加會議者與其隨行眷屬亦多利用會議機會順便旅遊觀光，所以早期會議業是屬於款待業的範圍。

(三)國際會議局協會（International Association of Convention Bureaus）：

1914年組合美國全國各地的會議局成立國際會議局協會，後來因為會議連帶提升了觀光業的發展而更名為國際會議與訪客局協會（International Association of Convention and Visitor Bureaus），簡稱為IACVB。國際會議與訪客局協會主要的目的是促進國際會議之間的情報交換，促進會議產業專業及實務技術提升。IACVB開發大量的會員服務，例如電腦資訊網路可使其世界各地的會員分享交換會議資料，也可以參加教育訓練、研究及刊物提供等服務。

各地的會議與訪客局主要是為推銷該城市為目的，藉著參加會展及觀光的訪客到來，增加都市的營業收入。會議與觀光局的任務有四：

1. 鼓勵各地所代表之團體了解在其地區舉行之會議與商業展示活動。

2. 協助和支持這些團體規劃及籌備會議。

3. 推展當地的觀光旅遊，提供觀光客文化、歷史、娛樂性等活動資訊。

4. 開發及提升社區形象。

美國的會議與訪客局是一個非營利組織，其組織在董事會下通常設有三個部門，業務及行銷部負責掌握會議及展覽之潛在客戶，提供選擇會議場地、居住、交通、註冊登記、會前會後旅遊、推薦當地供應商等服務。行政部負責籌募基金、招募會員及會員管理工作，旅館、汽車旅館、餐廳、名勝區及有關觀光的商業都是其會員。會議及訪客局的基金來源很大的比率是由各地旅館房間稅中提撥而來，此外經費來源還有地方稅、會員捐助、企業投資、出版物營收、會議服務等。資訊部負責編輯及提供所有局內之刊物，也做廣告代理工作。

㈣ 旅館銷售及市場協會：1927年成立，為從事國際旅館銷售及市場開發的個人或企業提升其規劃的能力。

㈤ 會議協會：1949年會議及展覽會成長快速，因而自款待業中分出，成立一個自己的同業協會，保障合理工資及維護工作的標準。提供會議及展覽等資訊的情報中心，提升增進共同的利益或目的。協會之會議

規劃人負責指導會議標準作業規範，對會員提供會議、貿易展覽、出版、銷售、訓練、會議管理等服務。

(六) 會議經理人協會（Association for Convention Operation Management）：旅館雖然在會議及展覽的活動中占有一定的角色，但是旅館業者並未真正積極的參與整個會議的規劃工作，直到連鎖式旅館的興起，業者才體會到會議與展覽可為旅館帶來龐大的經濟利益，諸如住宿、餐飲、會議及展覽場地、設備及服務等，皆可由旅館提供整體完善的服務。1950年代，旅館業並與會議規劃人（執行人）共同提供完善的會議功能與設施，大大的提升了會議的形象。1989年這些會議服務經理人成立了自己的協會，簡稱ACOM，會議專業人的工作終於為國家所認定。

(七) 國際會議規劃人組織：Buzz Bartow，Marion Kershner，Jay Lurge三位於1972年創立了MPI組織（Meeting Planners International）。

網址：http://www.mpiweb.org

(八) 學術性會議規劃方案：1973～1976年發展設立學術性會議規劃方案，並於1976年9月在科羅拉多州丹佛社區州立大學實施。

(九) 國際會議中心協會：1981年成立國際會議中心協會（International Association of Conference Centers）簡稱IACC，由各地的「會議中心」組成，入會的資格有嚴格之規範，合乎國際會議中心的標準規範的會議中心才能成為會員。

(十) 國際會議協會：1963年國際會議協會（International Congress & Convention Association）成立，總部設在荷蘭阿姆斯特丹，簡稱ICCA，至2004年有670個會員遍及80個國家。

(土) 國際會議聯盟：1907年歐洲在比利時布魯塞爾成立全球非營利組織「國際會議聯盟」（Union of International Association），簡稱UIA。

(土) 專業會議管理協會：1957年專業會議管理協會（The Professional

Convention Management Association）簡稱 PCMA在美國費城成立，是一個非營利的國際會議產業組織，其宗旨在傳授會議管理的教育，1985年設立教育基金，支持在大學及學院的教育計畫，訓練會議業的專業人才，突破專業會議管理的價值。2000年將總部設於芝加哥。

網址：http://www.pcma.org

㈣ The Convention Industry Council ：簡稱CIC，1949年在紐約成立，美國許多與會議有關的協會都是其會員。其主要的任務為舉辦會議專業人員的認證CMP（Certified Meeting Professional），並出版 The Convention Industry Council Manual。

㈤ 國際展覽經理人協會：International Association for Exhibition Management ，簡稱IAEM， 1928年在美國成立，是最早的展覽組織，會址在美國德克薩斯州達拉斯。是非營利組織，其工作為教育、資訊及宣傳，增進展覽會之經營管理能力。

㈥ 國際集會經理人協會：International Association of Assembly Managers，1924年12月在美國俄亥俄州克利夫蘭（Ohio，Cleveland）成立，其目的在提供會員領導、教育、資訊、促進友誼等機能，並推廣及發展公共集會的專業管理功能。

網址：http://www.iaam.org

㈦ 中國地方性協會成立的城市有：

1. 北京國議會展協會：1998年6月成立

2. 山東國議會展協會：2002年2月成立

3. 上海會展行業協會：2002年4月成立

4. 寧波會展行業協會：2003年2月成立

5. 重慶會展行業協會：2003年9月成立

6. 昆明會展行業協會：2004年3月成立

7. 深圳會展行業協會：2004年6月成立

8. 合肥會展行業協會：2004年7月成立

9. 廣州市展覽會管理條例：1998年頒布

10. 中國商業聯合會展聯盟：2004年4月成立

㈦中華國際會議展覽協會：Taiwan Convention Association，簡稱TCA，於1991年成立，其宗旨在推廣台灣會議產業、整合周邊產業、建構完整之會議供應鏈及輔導執行標竿，並積極參與國際會議組織，以提升台灣會議產業之國際化，並協助政府發展會議旅遊產業。

網址：http://www.taiwanconvention.org.tw

㈧亞洲展覽會議協會聯盟：Asian Federation of Exhibition & Convention Associations，簡稱AFECA，2005年1月於新加坡成立。其宗旨為促進亞洲會展產業的成長與發展，鼓勵並維繫會展業界的高度商業道德與素養，以及建立亞洲會展業的共同標準等。

網址：http://www.afeca.org/index.html

三、會議產業發展的原因

㈠專業化社會之需求：世界的趨勢越來越要求專業化的工作者，因此增加了教育與訓練的需要，工作人員及主管人員經常需要提升其技術與知識，而會議是一個資訊傳播、接受最新教育及訓練最有效的管道，透過會議可集合同性質的人，得到這些專業訓練資訊，提升產業及個人的競爭力。

㈡資訊的社會：現在不僅是工業化社會，更是一個資訊化的社會，專家們發現今日85%的資訊並非來自學院所教授的課程或書本，而是經由各種會議的傳遞，因此一個資訊化社會需要更多專業化的工作人員，而會議提供了這些專業人員相互溝通交流的媒介，並在這些會議中學到了所需要的資訊與技巧。

㈢爭取國際會議：由於會議可為舉辦城市帶來龐大的商機，促進城市的進

步發展。世界各國之城市無不努力爭取各種會議及展覽在其城市舉行，因此積極培植主辦國際會議及展覽的能力，配合主辦國產業及產品之世界實力，長期參與國際組織與活動，與國際各協會之代表建立長久良好之人際關係，爭取主辦會議及展覽，促成了會議產業蓬勃的發展。

㈣獎勵旅遊的興起：獎勵旅遊是英文 Meetings、Incentives、Conventions and Exhibitions 四個字的中文名稱，簡稱為MICE。是將會議展覽結合觀光旅遊發展出來的新產業。近年來各地觀光機構發現獎勵旅遊成為當地之觀光產業一個新的趨勢，而其觀光收益也較一般旅遊多了很多，因此特別重視此類產業的開發。Incentive Travel（獎勵旅遊），是指公司、團體為了獎勵其員工或經銷商提高生產效率、銷售量、業績成果等的績效，而以「旅遊」作為獎賞的方式。而該類「獎勵旅遊」因具獎勵性質，其行程安排、消費等水準大都較一般團體旅遊高級許多。僅將獎勵旅遊簡單介紹如下：

1. 獎勵旅遊的意義：企業對達成或超越公司業績目標之員工、經銷商、代理商等，由企業提供一定經費規劃獎勵會議假期，委託專業旅遊業者針對企業的目的量身訂製、精心設計專屬會議旅遊活動，以犒賞激勵員工，增加員工向心力，提升工作績效。

獎勵旅遊的行業以重視個人業績之傳銷、保險、仲介業等為多。

2. 獎勵旅遊的種類：
   ⑴ 企業年度會議（商務會議旅遊）。
   ⑵ 海外教育訓練。
   ⑶ 獎勵營運及業績成長有功人員。

3. 獎勵旅遊目的：
   ⑴ 凝聚員工向心力。
   ⑵ 強化企業文化。
   ⑶ 鼓勵員工提升工作績效。

4. 獎勵旅遊的特色：

　　⑴ 參加者通過特定資格審核。

　　⑵ 行程安排與眾不同，參加者感覺受到特別尊寵。

　　⑶ 激勵參加者努力工作再爭取一次機會。

四、會議及會議中心名詞定義

㈠ 會議名詞：

1. 會議（Meeting）：一個群體或集合一些人，以不同的規模及期間，為某一種目的，而聚集舉行的一種活動。會議也是設計一個場地，在特定的時間，規劃議程或演講，使人們集合一處交換意見或資訊的場合，Meeting和Convention 可以互通使用，主要是目標之結果不同，通常不論大小會議皆可稱之。

2. 會議／大會（Convention）：聚合某些經濟團體、社團、組織、黨派或學會的代表或會員等，彼此會面為某特定的民眾、社會、政治或經濟的目的，交換理念、觀念及團體的共同利益的資訊，通常會議會舉行數天規模亦較大，常配合展覽會一起舉行。

3. 會議（Conference）：公私團體、社團、協會等為某些目的或主題，共同討論、交換意見、傳達信息而舉行的會議。參加Conference的成員通常層級較高，規模較小，討論的主題形成共識，並發表決議之書面報告。

4. 代表會議（Congress）：某些專業領域行業、文化、宗教等舉行之定期會議，是一種正式由國家或團體的代表參加的會議、委員會、大會，會議的規模較大，會期持續數天，主要目的是討論問題或資訊的交換。Congress與會者大都是對大會主題有興趣而主動報名、註冊、付費參加會議。

5. 講習會／研習會（Workshop）：自由討論的課程或講習會，彼此交換理念、示範方法、實際技術、經驗、操作原理等。在許多Conference和

圖1-1　APEC部長級的會議

Congress會議的議程中，常安排不同主題的Workshop提供與會人士選擇
參加討論。

6. 研討會／座談會（Symposium）：規模較大的研討會，研討會下可有數
個主題，通常有好幾位主講人，針對某一個主題，發表短評或講話，
與會人員發表自己的意見，性質類似Forum。此類會議是既定主題的演
說、討論及提供資訊。

7. 研討會（Seminars；Colloquium）：提供與討論某些資訊的會議，規模
不大，可自由交換理念與意見的公共討論會，學術上研討比較普遍，
先有一主題，由學者、專家等主講人針對這一個主題作報告，與會人
員之後再加以討論。

8. 全體會議（Assembly）：一個組織的全體會員大會，討論其組織的政策、預算、財務、選舉等事項，通常在固定時間、地點、定期舉行。

9. 小組討論會（Panel Discussion）：由一位主持人（Moderator）主持，小組討論會成員（Panelist）多為某專門問題專家，提出觀點及意見進行座談討論。

10. 論壇（Forum）：特定的身分人士不定期、不定點討論某些事件或問題，通常不會有具體決議。

11. 演講（Lecture）：由一位專家學者針對某一主題發表其專業或經驗之演說。

12. 展示會（Exhibition）：公開展覽、演出或展示其主要產品，藉演出或展示與參與者交流或資訊傳遞，期盼藉展出促銷商品及服務。展出的規模可大可小，小型展示可能只是在桌上布置書面簡介、陳列櫃或是某些示範服務等。展示會常與會議一併舉行，向展示會參展廠商收取參展費亦是會議主辦單位收入來源之一。

13. 展覽會（Exposition）；博覽會（Expo）：設計一個場地作為商業人士將其產品、設備及服務，在某一場合向到訪者示範其產品及服務的聚會或商展。博覽會也常為非商業目的而舉辦，如工業、科技、藝術、自然、太空等博覽會，展期可長達數月。

14. 商展（Trade Fair/Show）：廠商針對專一產業或綜合不同產業舉辦商展，促銷產品。Show則結合動態展示及演出表現產品特色，吸引消費者的購買力。商品促銷尚有Consumer Show及Trade Mart等方式展示。

15. 會展旅遊MICE（Meetings, Incentives,Conventions,Exhibitions）：將一般會議、獎勵旅遊、大型會議及展覽等活動結合，發展形成會展旅遊的利益共同體，謀取經濟效益。

圖1-2　展覽館告示牌

圖1-3　休士頓展覽中心

Meeting：A group of people who have met for a particular purpose

Incentive：Something which encourages a person to do something

Convention：A large formal meeting of people who do a particular job or have a similar interest, or a large meeting for political party

Exhibition：When objects such as paintings are shown to the public, or when someone shows a particular skill or quality to the public

資料來源：Cambridge Dictionary。

參考資料

展覽知多少？

Exhibition：為了公關、行銷、販賣之目的而以靜態方式陳列其產品、服務或推銷資料之展覽。一般附屬於會議而舉辦。為會議主辦單位的收入來源之一，以業內人士交流為主要目的，僅對內開放，此類展覽之專業性非常明確。

Trade Fair/Show：通稱商展，一般區分為專業展及綜合展，專業展只展出同一產業之上、中、下游產品，綜合展則不限產業，在英文名稱使用上，Exhibition 指展出項目包括生產製作機具在內的展覽，show則通常結合動態展示或藉由演出（秀）表現產品特色，fair則為一般展覽之統稱。

Exposition：簡稱 EXPO，通稱為博覽會，其舉辦之目的，往往是為了教育觀摩或其他非商業性目的，主要為工業、科技、藝術或對人類文明發展具前瞻意義之展覽會，展期可長達二、三個月，甚至半年以上，大規模博覽會的舉辦必須經BIE機構認可。

Consumer Show：針對區域性特定產品之消費大眾而舉辦的商展。

Trade Mart：針對特定產業，將一些買者（buyer）及賣者（seller）邀至特定場所進行一對一短時間相互洽談、交易方式的交易會。

資料來源：www.taiwanconvention.org.tw 。

(二)會議中心：

　　現今全球各大都市紛紛在城市中心建立會議中心，爲會議及商展提供完善的服務。優良的會議中心要有周到的服務及態度，會議設備品質合乎水準，交通要便捷，並有專業的會展經驗。都市的會議中心和休閒度假會議中心之功能稍有不同。分述如下：

1. Convention Center（會議中心）：是一個公共會議設施，爲接待會議與展示而設計，可提供宴會、食物、飲料、設施租借等服務。會議中心通常都位於旅館附近，以方便與會者就近住宿。大部分的會議中心是屬於市或政府單位管理，也有些會議中心委託私人管理公司經營。

會議中心提供非常大的彈性空間去接待貿易展覽，各種大小型會議或宴會、酒會等活動，收取場地及設備租金，餐飲供給亦是收入來源之一，有些會議中心也提供會展專業規劃服務，現代的會議中心已自最初社區服務的社區活動的場所轉變成以營利爲中心的性質。通常各地的會議及訪客局會協助會議中心作行銷的工作。近年來世界各大都市都設立大型美觀多用途的國際會議中心，藉以吸引國際會議或展覽在其城市舉行，推展城市形象、提升知名度，更可帶動觀光熱潮，增加經濟效益。

台北世界貿易中心（World Trade Centers Association）簡稱WICA，整個區域包含國際會議中心、展覽大樓、國貿大樓及君悅大飯店，台北世界貿易中心於民國七十九年元月一日正式啓用，每年吸引數十萬人來台參加展覽與開會。成立以來，世界級之社團大會如世界青商會年會、國際獅子會年會、國際扶輪社年會、世界資訊科技大會、國際會議協會年會及世界同濟會等超過300場著名國際會議已先後在台北世界貿易中心舉辦。

台北國際會議中心TICC（Taipei International Convention Center）網址：http://www.ticc.com.tw。

2. Conference Center（會議中心）：Conference Center與 Convention Center

圖1-4　會議中心之大型會議廳

最主要的不同是在前者為與會者提供過夜住宿的場所，參加會議者之住宿、開會、食物、消遣、娛樂等，都可由會議中心提供。這種會議中心強調舒適、隱密，有單獨餐廳，提供早、午、晚餐，甚至隨時提供茶點，並提供所有視聽設備，休閒活動等。因此這種型態的會議中心大都設在交通方便的郊區，現在許多度假休閒旅館也都有會議中心的功能。這類的會議中心也設計會議套裝價格，提供住宿、餐飲、會議室、視聽設備、茶點、文具紙張等會議所有需要的服務項目，減少會議使用者的麻煩，節省人力、物力、時間的浪費。有些會議中心的地點與大學結合，利用大學現有的會議、住宿及餐飲場地的資源配合，不僅會議機能完善，與會者在交通方面也較方便。

五、國際會議的定義

　　各個國際會議組織對於國際會議的定義，皆有不同的解釋，僅舉代表性數例，以供參考：

㈠ 國際會議聯盟（UIA：Union of International Association）的規定：

1. 五國以上代表參加。

2. 參加人員300人以上。

3. 地主國之外必須有其他國家代表40%以上參加。

4. 會期3天以上。

5. 定期舉行。

6. 會議地點在不同國家的城市輪流舉行。

㈡ ICCA（ International Convention Center Association）的規定：

1. 五國以上代表參加。

2. 參加人員50人以上。

3. 地主國之外必須有其他國家代表25%以上參加。

4. 會期1天以上。

㈢ 日本總理府觀光白皮書規定：

1. 五國以上代表參加。

2. 參加人數300人以上。

3. 地主國之外必須有其他國家代表40%以上參加。

4. 會期3天以上。

㈣ 我國會議推展協會的規定：

1. 必須三國以上代表參加。

2. 參加人員50人以上。

3. 地主國之外必須有30%以上其他國家代表參加。

4. 會期1天以上。

5. 定期舉行會議。

6. 由不同國家輪流舉辦。

綜合以上各項國際會議定義列表比較如下：

表1-1　國際會議定義

名稱	國家數	總人數	外國出席者	會期	其他
UIA	5國以上	300	40%以上	3天以上	定期（不同城市）
ICCA	5國以上	50	25%以上	1天以上	
JAPAN	5國以上	300	40%以上	3天以上	
TCA	3國以上	50	30%以上	1天以上	定期（不同城市）

UIA：國際會議聯盟（Union of International Association）

ICCA：國際會議中心協會（International Convention Center Association）

JAPAN：日本總理府觀光白皮書

TCA：中華國際會議展覽協會（Taiwan Convention Association）

參考資料

◎會議的類型：美國會議專業管理協會（Professional Convention Management Association）將會議市場分成S、M、E、R、F五項：

　S：Social：社交性質

　M：Military：軍事性質

　E：Educational：教育性質

　R：Religious：宗教性質

　F：Fraternal：行業性質

六、國際會議的功能與效益

國際會議產業的功能與效益，已爲各國所肯定，僅就其對其他行業及會議城市的效益說明如下：

(一) 會議產業對其他行業的功能：

國際會議產業受到各國的重視，主要原因除了單純的會議目的外，尚能帶動其他相關行業的經濟效益，諸如與觀光有關的旅館業、餐飲業、旅行社、航空公司、交通公司、遊樂區、觀光景點等，也爲與會議直接有關的會議中心及會議場地、會議顧問公司、翻譯公司、資訊網路業、公共關係業，以及間接相關的廣告、媒體、印刷業、文具禮品業、花藝、保全等提供了經營市場。

2002年7月我國政府公布「國家發展計畫」十大方案中，「觀光客倍增計畫」亦列入其中，而發展「會展產業」就是觀光產業中的一項重點工作，所以國際會議帶動觀光事業的發展是確實可行的方式。國際會議的舉行可以累積從事會議產業人員的經驗，培養專業的技術和能力。同時由於某些國際會議在當地舉行，本地相關行業人士不必遠赴國外參加會議，即可就近吸收新的資訊及學習新的知識和技術，提升本國相關行業的專業技術。

國際會議及展覽的舉辦，亦可藉助國際會議人士來台參加會議的機會，增加對我國的政治經濟了解，增進官方及民間交流的機會，拓展國民外交，提升國際形象。國際會議與其他行業的功能如下頁所示。

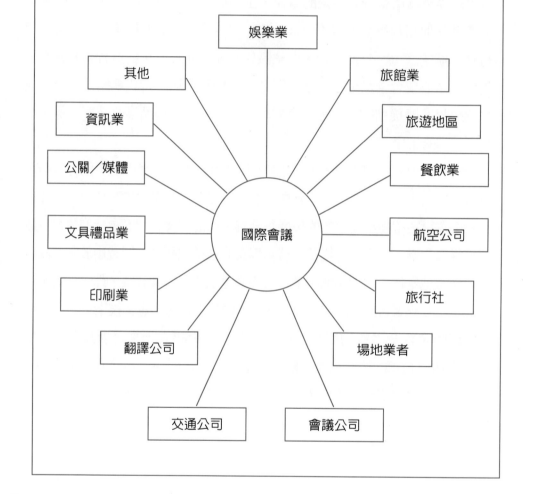

圖1-5　國際會議與其他行業的功能圖

表1-2　2000～2004年來台參加會議人數統計表

	2000年	2001年	2002年	2003年	2004年
亞洲	23,097	26,659	27,931	22,894	31,017
美洲	7,077	8,265	6,531	5,081	7,195
歐洲	2,816	2,740	3,129	2,135	3,450
大洋洲	1,367	1,263	1,330	1,077	1,684
非洲	177	223	268	99	207
其他	345	240	296	259	63
總計	34,879	39,390	39,485	31,545	43,616
百分比＊	1.33	1.39	1.33	1.40	1.84

備註：＊ 百分比為與來台旅客總人數之比例。
資料來源：交通部觀光局「觀光統計」。

(二) 會議產業對舉辦城市的效益：

　　國際化是全球各大城市發展必須面對的重要課題，傳統以政治發展的國際關係已漸漸為國際文化經貿關係所取代，而文化經貿活動主要是透過城市主辦的各項會議和展覽達到交流的目的，會議展覽產業因而受到各大城市的重視，它不僅使主辦城市成為知名的國際都市；也為主辦城市帶來可觀的經濟效益，爭取國際會議及展覽可以為舉辦的國家和城市帶來外匯收入，為相關行業增加經濟的利益，造福地區的繁榮，提升國家及城市形象，所以世界各國主要城市政府和民間都積極爭取各類型國際會議和展覽之主辦權，其原因乃是因為會議可直接間接為城市帶來以下多項效益。

1. 會議市場消費力強：

　　參加國際會議者，一般都是各行各業的管理階層或是專業人員，出席會議的費用很多都是由所屬機構負責，差旅支出有一定的水準，而會議期間又有許多附屬活動配合進行，如有眷屬隨行，其消費額更是可觀，對當地的經濟頗有貢獻。

根據多項國外資料統計顯示，會議旅客的消費額是一般觀光客的二至三倍，會議產業對城市的經濟貢獻可見一斑。

　2. 提高城市知名度：

　　國際會議的舉行受到媒體的報導，透過會議的專屬網站可以傳遍全世界。而出席會議人士亦為各行業的菁英，除了會議的專業能獲得與會人士的肯定，其他經濟文化亦會有一定的接觸，因而是為舉辦城市宣傳的最佳機會。根據UAI國際組織聯盟之資料顯示最受歡迎的會議城市大都在歐洲，如法國巴黎、比利時布魯塞爾、英國倫敦、奧地利維也納、德國柏林、荷蘭阿姆斯特丹、瑞士日內瓦、丹麥哥本哈根，這些城市都有著一定的歷史文化藝術內涵，吸引會議人士參加會議與旅遊。雖然美國是會議的最大市場，但是最受歡迎的會議城市並未列名。除了歐洲城市之外，亞洲的新加坡、澳洲的雪梨也被列入受歡迎的會議都市。隨著中國大陸的改革開放及經濟的起飛，政府當局的重視及強烈的企圖心，上海和北京勢必在未來國際會議市場占有一席之地。

　3. 提升當地產業的專業知識：

　　國際會議都市的形成其基本條件在於國家政治經濟之實力，有了某項專業的實質實力，才能吸引其他國家的有關人士參加會議。美國成為會議的最大市場，其原因就是美國各種專業領域領先他國，專業機構組織紛紛成立，各種年會定期舉行，提升產業水準。此外，會議討論的問題、提供的資訊皆是該產業最新的知識，而受邀的演講者亦在會議中發表最先進的論述和對未來的趨勢及觀點，當地的產官學界不必遠赴國外就可就近吸取新知，提升專業知識。

　　參加國際會議的益處：

　⑴ 提升自己或他人專業領域知識。

　⑵ 接觸及了解該行業領域中的領袖。

　⑶ 表達自己在該領域之能力。

⑷ 重新面對工作的挑戰及吸取新的觀念

4. 創造商機：

　　當地產業人士可與來自世界各地與會者建立管道，洽談商機。展覽會更是藉助產品的展示吸引世界買家，參觀工廠、挑選產品、拜訪企業主等，拓展對外商機。

圖1-6　展覽參觀群眾

5. 保存文化資產：

　　文化活動是國際會議的重要社交節目，城市經常舉辦國際會議，可使代表傳統文化藝術團體有常態性演出機會，經濟來源穩定有助表演團體的生存，對於文化資產的保存不無助益。此外，許多觀光名勝古蹟、文化遺產，為因應觀光的需要，促使有關機構妥善維護保存。

6. 增加就業機會：

　　國際會議的舉行需要長時間的籌備，需要各項工作人員配合，與會議直接有關會議場地、餐飲、住宿、會議服務、展覽、觀光業、交通運輸

等，以及與會議間接有關的的出版、廣告、保全、水電工程等服務行業，這許多的行業，都提供了全職及短期的工作機會，因此，會議產業可以創造就業市場是不爭的事實。就以每年美國之奧斯卡頒獎典禮來說，就可提供了可觀的經濟效益及就業機會。

7. 加速城市建設、發展觀光事業：

國際會議都市的條件除了政經實力外，還需要城市的本身條件如豐富的天然景觀、山川河流、古蹟文化等配合，才可以吸引許多與會者的興趣。但是國際會議選擇地點時，城市的後天條件卻是決定會議舉行最先考量的因素，如會展的設施、交通建設、城市規劃、社會治安等因素是否合乎水準。為了配合大型國際會議或博覽會的舉行，必須配合硬體設施建設，如交通運輸、會議場地、住宿飯店、旅遊景點規劃等。

對於軟體的會議專業人才培養、語言、禮儀訓練，當地民眾的配合、治安維護等，都要積極的培訓以配合會展的到來。這些硬體人文的建設，無形中加速了城市的進步與發展。

城市的交通網路方便，都市建設及公共設施完備，擁有特色的文化特質，配合觀光及購物的吸引力，就可將會議產業與觀光產業整合，為城市帶來更有利的發展。

奧斯卡頒獎典禮的經濟效益

　1. 主辦單位：美國影藝學院　總經費：32億台幣

　2. 收入：

　　廣告費收入：頒獎晚會轉播權

　　入場券收入：

　　餐會收入：

　3. 工作人員：

　　「藝人統籌」：設計頒獎人名單

聯絡被提名者

編劇：主持人及頒獎人台詞，臨場台詞編撰

編曲：編曲、撰寫配樂

排位：被提名者

參加典禮明星、名人

超級廣告商

4. 外包工作人員：

舞台搭建：60人

電工、搬運工、燈光及攝影師：400人

電話公司：現場1000支電話線

獎座公司：

禮車：1100部黑色禮車及司機、停車費

交通指揮、警衛及消防隊：

填位子者：明星離座暫時補位

後台工作人員：控制室、協助換人換景

5. 晚宴：

戶外晚宴：帳棚、鮮花、服務侍者、佳餚美酒

慶祝派對：各電影公司、各有關機構及個人

6. 其他相關行業：

服裝造型業：明星服裝造型、珠寶

美容：髮型、化妝、美容

公關公司：為影片公司提名影片宣傳、造勢、拉票

資料來源：中國時報、娛樂週報──王文華（88.3.20）。

總而言之，發展會議城市是現在世界各國都市發展的策略，要成為會議都市必須有一些基本的條件，首要條件就是政治安定沒有戰亂暴動，其

次，交通便利、國際航線直通各國主要城市，專業會議機構和完善設施及服務，豐富觀光旅遊及購物資源，都是城市爭取會議的要件。

根據2004年ICCA的國際會議國家及城市舉辦國際會議排名與2003年相較，美國仍是舉辦會議最多的國家，德國和法國2004年各提升了兩個名次，分別為二及四名，荷蘭自第十名躍升為第七名，日本由十一升為第九，奧地利由十二升為第十，西班牙、英國及澳洲名次未變。

國際會議城市排名2004年巴塞隆納取代2003年維也納第一的地位，新加坡仍為第三，柏林由六升為四，哥本哈根由八升為六，香港變動最大由十八升到五，巴黎由十二升到七。在國際會議排名中值得注意的是中國的北京，由2003年的排名三十五躍升到2004年的第十一名，進步神速，中國的另一商業大城——上海，也是一個未來可以期待的國際會議城市。

表1-3　2004年ICCA世界國際會議

國家排名			城市排名		
排名	國　家	場次	排名	城　市	場次
1	美國	288	1	巴塞隆納	105
2	德國	272	2	維也納	101
3	西班牙	267	3	新加坡	99
4	法國	204	4	柏林	90
5	英國	196	5	香港	86
6	荷蘭	181	6	哥本哈根	76
7	義大利	170	7	巴黎	75
8	澳洲	145	8	里斯本	67
9	日本	132	9	斯多哥摩爾	64
10	奧地利	129	10	布達佩斯	64

表1-4　美國和加拿大最受歡迎的10個會展城市

1	奧蘭多（佛羅里達州）	6	亞特蘭大（喬治亞州）
2	拉斯維加斯（內華達州）	7	達拉斯（德州）
3	多倫多（加拿大）	8	紐約（紐約州）
4	芝加哥 （伊利諾州）	9	聖地亞哥（加州）
5	新奧爾良（路易斯安那州）	10	華盛頓特區

七、國際會議認證

根據The Convention Industry Council（CIC）的資料摘錄其國際會議認證（CMP Examination）業務如下：

(一) 考試科目：每年CIC 1月和7月舉辦兩次CMP認證考試，考試資格至少要有三年會議管理經驗，現為會議管理能力的全職職員，有成功完成會議的責任。CMP考試每五年要再認證才能換取新證書。考試分為五個大項，二十七項細目，分別為：

1. EDUCATION：教育類四項

Goals and Objectives：確定會議目的。

Program Content：決定演講者、題目、內容及規劃議程。

Evaluations：評估會議是否成功？目標達成？設施使用方便？獎金分配及投資回饋？

Continuing Education：成人延續教育的無形原則，學習目標，合格機構的教育需求。

2. FINANCIAL MANAGEMENT：財務管理類兩項

Facility Contracts and Insurance：設施提供、機構合約談判與確認。

Budgeting：會議預算的財務管理。

3. FACILITIES AND SERVICES：設施與服務類六項

Site and Facility Selection：決定會議地點（國家、城市、旅館、會議中

心）。

Support Services：安排會議中心、供應商、合約者、接待委員會、義工等服務項目。

Convention Center Facilities：會議中心或會議廳的所有會議設施有關事項之聯繫。

Convention Service Management Responsibilities：聯繫會議中心經理協商會議有關事宜。

Facilities Staff：與旅館或各設施人員準備會議。

Technology Utilization：整合電子溝通工具（電子郵件、語音郵件、會議時之視聽與線上溝通）。

4. LOGISTICS：後勤支援類八項

Reservations and Housing：安排會議出席者之會議報到與住房手續。

Transportation：航空、租車、大巴士及其他交通工具之安排。

Specification Guidebook：製作大會手冊，房間安置，各項注意事項包含緊急聯絡電話等都應列入。

Registration：制訂所有活動及節目報到程序。

Shipping：監督會議場地所需物品之運送及歸還。

Function Room Arrangements：安排設置所有活動之場地桌椅及視聽設備。

Exhibits：監督展覽之招商，攤位之安排、設置，勞工及消防規範。

Environmental/Humanitarian Aspects：監督計畫食物之分配、回收和變化。

5. PROGRAM：議程節目類七項

Food and Beverage：決定餐食及茶點之食物和飲料，包含數量、飲食之考量和成本。

Audiovisual Needs：決定會議視聽設備需求，設備提供者保證會議舉行時確實提供設備。

Speakers：協助選擇演講人，準備簽約及取得演講人同意。

Entertainment：安排娛樂音樂節目（同意文件、舞蹈、特別演講人及專用作品之同意）。

Marketing, Promotion and Publicity：準備會議推廣行銷計畫，安排公共關係報導。

Special Programs：安排貴賓節目，家屬節目，會議前及會後活動。

Production and Presented Materials：安排會議所有資料的印製。

(二) 會議管理條件（Meeting Management Conditions）：

1. Meeting Dates：假日、季節、星期中的日子。

2. Labor：工會或非工會身分、有效的協助。

3. Length of Meeting：活動前後總天數。

4. Number of Attendees：單獨和多樣性活動。

5. Type of Facility：會議中心、旅館、休閒度假中心等。

6. Objective：教育、激勵、展覽、訓練。

7. Type of Organization：協會、企業、政府、宗教界。

8. Location of Meeting：市中心、飛機場、郵輪上、國際地點。

9. Budget：損益平衡、盈餘、贊助。

10. Participant Funding：職員、組織、程序。

11. Management Responsibility：職員、義工、設施服務人員。

12. Space Requirements：臥房、會議室、展覽場地。

13. Transportation：航空、租車、地面作業。

14. Participant Demographics：性別、年齡、種族。

15. Social Events：類型、時間安排。

16. Special Requirements：傳統、特別飲食。

17. Weather：室內和室外考量。

18. Legal：合約、責任規則。

19. Ethics：合約和供應商關係。

20. Technology：設備、溝通。

21. Current Events：日程安排、有效座位安排、安全事項等。

22. Risk Management：危險事件、消防安全、緊急事項等。

資料來源：http://www.conventionindustry.org。

中華國際會議展覽協會

緣　起

隨著台灣高科技產業及知識經濟的發展，台灣已成為國際會議的重鎮，各式與會議產業相關的專業逐漸成熟，包括專業會議顧問、會場設計與裝潢、航空交通、飯店、筆譯及口譯服務。有鑑於台灣對國際會議的需求劇增，中華國際會議展覽協會（Taiwan Convention Association，簡稱TCA）於1991年成立，旨在推廣台灣會議產業、整合周邊產業、建構完整之會議供應鏈及輔導執行標竿，並積極參與國際會議組織，以提升台灣會議產業國際化；同時，協助政府發展會議旅遊產業。

宗　旨

- 協調統合國內會議服務相關行業，形成會議產業
- 增進會議產業服務品質
- 開發會議資源
- 提升我國在國際會議市場之形象與地位

願　景

- 擴大國內外會員招募
- 積極爭取國際級會議來台舉辦
- 參與國際會議組織
- 宣揚台灣相關產業之國際知名度及專業性
- 不定期舉辦研討會及座談會

● 推廣會議產業在台發展

主要工作

● 舉辦專業性研習及座談會

　1. 辦理會議產業有關之研討會及教育訓練

　2. 邀約國內組織及國際組織國內分會人員舉辦爭取國際會議之說明會

　3. 組團參加EIBTM展、IT&CMA展等國際會議展覽

　4. 組團參加ICCA年會及其他國際會議相關活動

● 辦理會員觀摩、充電、交誼活動

● 製發我國國際會議、展覽資訊文宣品

　1. 蒐集在我國舉行之會議、展覽資訊

　2. 編製在台灣召開之國際會議、展覽年曆

　3. 發行「會議設施指南」

　4. 製發介紹我國會議資源之光碟片及錄影帶

　5. 建立協會網站

● 協助爭取及籌辦國際會議在我國召開

　1. 配合並協助各單位、組織爭取國際會議在我國召開

　2. 協助我國會議籌組單位辦理在我國舉行之國際會議

● 爭取國際媒體報導我國會議情形

● 邀請國外籌組會議專業人士來華考察

● 研發會議觀光相關配套措施

● 辦理其他有助推展我國國際會議市場之工作

● 參與國際會議市場推廣活動

FAM tour

Familiarization tour（簡稱 FAM tour，又稱 FAM trip）是由主辦者（Host）為了：

1. 請潛在之買者或媒體了解其產品、設備或服務以購買、推銷。

2. 與其建立良好關係或報導而請其免費或以優惠價來某一目的地（Destination）考察。目的地 Destination（如國家、城市、地區）辦理 FAM tour，通常由一Cordinator（如協會、CVB⋯⋯）整合，要求 Supplier（如旅館、餐廳、航空公司⋯⋯）提供交通、食宿等支援。

會議名詞英文解釋（**Definition**）

1. assembly

a group of people, especially one gathered together regularly for a particular purpose, such as government, or more generally, the process of gathering together, or the state of being together

2. congress (MEETING)

a large formal meeting of representatives from countries or societies at which ideas are discussed and information is exchanged

3. conference

an event, sometimes lasting a few days, at which there are a group of talks on a particular subject, or a meeting in which especially business matters are discussed formally

4. colloquium

a usually academic meeting at which specialists deliver addresses on a topic or on related topics and then answer questions relating to them

5. convention (MEETING)

a large formal meeting of people who do a particular job or have a similar interest, or a large meeting for a political party

6. exhibit

to show something publicly

7. exhibit

an object such as a painting that is shown to the public

LEGAL an item used as evidence in a trial

8. exhibition

when objects such as paintings are shown to the public, or when someone shows

a particular skill or quality to the public

a public showing（as of works of art, objects of manufacture, or athletic skill）

9. exposition (SHOW) (ALSO expo)

a show in which industrial goods, works of art, etc. are shown to the public

10.forum

a situation or meeting in which people can talk about a problem or matter especially of public interest

11. lecture

a formal talk on a serious or specialist subject given to a group of people, especially students

a discourse given before an audience or class especially for instruction

a formal reproof

12. panel (TEAM)

a small group of people chosen to give advice, make a decision, or publicly discuss their opinions as entertainment

Panel discussion

a formal discussion by a panel

13. seminar

an occasion when a teacher or expert and a group of people meet to study and discuss something

14. show (PUBLIC EVENT)

an event at which a group of related things are available for the public to look at:

15. symposium

an occasion at which people who have great knowledge of a particular subject meet in order to discuss a matter of interest:

16. trade fair (US ALSO trade show)

a large gathering at which companies show and sell their products and try to increase their business

17. workshop (MEETING)

a meeting of people to discuss and/or perform practical work in a subject or activity

a usually brief intensive educational program for a relatively small group of people that focuses especially on techniques and skills in a particular field

資料來源：牛津字典。

第二章 國際會議顧問公司與 會議工作人員

國際會議是高附加價值的產業，它不僅產生會議行業的經濟利益，也使周邊有關行業附帶增加了可觀的收益，更可帶動城市的發展及產業的升級。為了專業及市場的考量，國際會議公司應運而生，國際會議工作人員也走向專業的要求。

一、國際會議顧問公司

　　國際會議公司承辦國際會議或一般會議及展覽活動，提供完整專業服務，專業會議籌畫者（Professional Convention Organizer，簡稱PCO）提供客戶有關的服務，一般也可稱之為Meeting Planner。

　　PCO（Professional Conference Organizer）專業會議顧問公司
　　PEO（Professional Exhibition Organizer）專業展覽策劃公司

　　國際會議顧問公司視服務的對象而提供全部會議所需的服務，或是僅因委託者要求提供特別項目的服務。PCO主要的功能可以整合會議所需資源，為客戶規劃、執行、行銷符合效益及標準的會議或展覽。一般皆可以提供以下的服務項目：

㈠協助爭取舉辦國際會議：國際會議承辦的方式，一種是輪流主辦，又可分為會員國輪流舉辦及地區輪流舉辦，另一種是經由競標的方式爭取主辦。因此許多國際性的會議是由有意舉辦的國家、城市或團體競標爭取而獲得主辦權，而國際會議顧問公司就可以專業的角度製作完善的企劃書，協助機構爭取會議的主辦權。爭取會議主辦權要考量兩項要素，一為舉辦城市的條件，一為投標企劃書的製作。

1.城市爭取舉辦國際會議應具備的條件：

(1)城市形象：有計畫的設計經營城市，環境規劃美觀實用，空氣品質良好，綠地比率適當，交通網通暢，人民有禮儀教養、友善樂觀，

安全保障。

(2) 城市內涵：城市歷史悠久，注重藝術文化的保存推廣，博物館、美術館等文化建設豐富，景點活動多元。

(3) 城市特色：都市要有其特色，諸如：建築風格、購物天堂、度假勝地、歷史古都、多元化社會結構、餐飲文化、氣候好，還要有效的行銷策略。

(4) 城市品牌：有意義的城市識別系統（CIS），特色的Logo，有名或適當的城市代言人推廣宣傳。

(5) 會議條件：有完善會展硬體設施，住宿、餐飲水準，會展專業及服務品質，語言能力，產業實力。爭取許多國際性社團組織之世界大會，尚須爭取主辦地區之社團本身條件之配合，諸如當地出席代表積極參與籌備工作；籌備工作人員提供充分工作環境及能力；以及能否營造國際會議特殊之氣氛等因素，方能得到國際總會的同意主辦。

2. 投標企劃書要包含以下項目：

(1) 會議的硬體設施：

會議場地如會議中心、展覽中心的地點、環境、交通便利性，各類型會議廳面積容量，會議如在旅館舉行，旅館會議廳的容量，會議設施配備齊全。

(2) 住宿、餐飲條件：

國際大型會議出席人數較多，需要多家不同等級飯店提供住宿。一般從三星到五星級以便與會者根據其經濟條件選擇適合之飯店住宿。主辦城市在車程半小時之範圍內應有足夠的旅館提供與會者住宿，主辦機構也應與各飯店洽商會議期間之優惠房價，對於提早抵達或延後離開之與會者前後三天的房價應一併給予優惠價格。

國際會議期間有幾場餐會是大會提供的，如歡迎晚宴或酒會（Welcome Reception、Welcome Party）、惜別晚宴（Farewell

Party、Farewell Banquet）、會議期間的早餐及午餐、上午及下午的茶點等。有些會議晚餐自理，也有很多的會議晚餐包含在報名費用之內。人數眾多的會議全體晚宴用餐的場地要夠大，早餐及午餐採用自助餐方式則可將用餐地點分散為數個場地，將最大的廳留給大會開會用。餐飲除場地規劃外，菜單的設計、服務的品質、衛生營養的要求也是企劃書中要詳細說明的。

⑶ 預算：

國際會議費用龐大，除了會議參加者的報名註冊費收入外，政府機構的補助、企業及有關團體的支持也是會議重要的收入來源。要爭取主辦國際會議預算寬裕當然是競爭有利的條件，企劃書中應詳盡編列預算，支出費用、收入來源等，盡量讓審核人員了解經費來源不會造成困擾。

⑷ 有力支持信函：

爭取國際會議在某地舉行，國家政府的支持是非常重要的條件，因為國際會議不可能僅靠主辦組織的力量就可成功的達成任務，主辦國家及當地政府的全力支持是必要的，因此上至國家元首、副元首、重要官員出函力挺，下到地方首長全力配合，相關企業航空公司、旅館、會議中心、觀光機構等主管的支持，這些贊助支持信函（Supporting Letters）顯示會議受到國家政府的重視，加強爭取主辦權成功的機會。

⑸ 過去承辦國際會議經驗：

實力是經驗的累積，主辦單位、會議中心等過去承辦的國際會議的名稱、規模、日期都應列舉出來，顯示主辦單位籌畫會議的能力。

⑹ 陸空交通：

飛機是與會者參加會議最主要的交通工具，會議地點航線方便，機場功能完善，航空公司報到通關全力的配合，給予會議旅客優惠的

價格，加開包機輸運旅客等，都是企劃書中要強調說明的。

至於會議地點陸上交通運輸系統完善，與會者來往會議場地、住宿、參觀、旅遊之交通網路便捷，路況良好，大型交通工具數量及品質可靠，駕駛人員技術優良，禮儀周到也是企劃書中要提到的保證。

(7) 旅遊、文化資源：

國際會議舉辦地點或附近的旅遊景點、文化特色，也常常是吸引人們參加會議的一個重要因素，特別是很多會議的與會者會攜帶眷屬同行，更要在旅遊及文化上充分發揮當地的特點，企劃書中可適當介紹及有關單位給予的配合及優惠。

(8) 專業團隊：

成功的會議需要專業的會議規劃人，發揮其專業的知識及經驗籌畫主辦單位理想的會議模式，會議規劃人及其團隊融洽及良好的合作關係，才能保證會議的成功。企劃書的專業團隊這部分可以請專業的會議顧問公司配合，表現專業形象。

3. 籌備地區有意爭取主辦國際會議全程有四個大的步驟：

(1) 爭取主辦權（Bid for the conference）。

(2) 籌備會議（Plan the conference）。

(3) 會議的舉行（Stage the conference）。

(4) 辦理大會結束工作（Follow up the results）。

如何爭取國際會議

1. 競標團隊：熟悉遊戲規則的有力競標團隊是會議成功的第一要件，國際會議成功競標鐵三角為：會員代表、會議旅遊局及會議中心，象徵主辦單位、政府及場地三種角色缺一不可，三方面必須通力合作，相互支援勝算較大。而航空公司及贊助單位亦應涵蓋在團隊之內。

2. 廣結善緣：會議競標前，事前遊說（Lobby）工作不能少。邀請會議總會

重要人士參觀，進行勘查之旅（Site Inspection），親自體驗會議旅遊設施及人文特色，加深印象。

3. 製作投標書：投標書內容包含大會預算、報名費、支持信函、競標國之產業現況、競標國（城市）簡介、贊助計畫、議程大綱及會議中心簡介等。

4. 爭取曝光率：爭取曝光率亦是競標成功的關鍵因素之一，醒目的攤位布置、新穎有趣的贈品，加上邀請總會及當地重要人士參觀攤位，引起媒體採訪，達到曝光、宣傳效果。

國際會議的爭取不是一項單打獨鬥的工作，而是一場結合產業、社會、文化、觀光，甚至外交力量的團體戰役。

資料來源：摘錄自TICC專業報導「國際會議競標實戰守則」。

(二)籌組會議：會議顧問公司配合顧客需求協助籌辦會議，成立籌備委員會（Committee）、大會祕書處，籌備從研討到擬定議程、講員邀請、徵稿、論文審核，評估結果，執行會議計畫，篩選配合廠商，專業會場管理與控管，協調溝通解決問題，圓滿達成會議之目的。

會議的類型有：國際會議／國內會議／專業研討會／學術研討會／工程會／宗教會議／社團年會／經銷商年會／商務談判會議等，會議籌備也因會議性質不同而做不同之規劃。

承辦機構爭取到國際會議主辦權以後成立籌備委員會，同時要向當地政府有關機關報備，或是請求經費補助，其報告內容應包含：

1. 會議基本資料：會議中英文名稱、簡稱，舉辦日期，主題，宗旨。

2. 會議背景：會議之國際組織之歷史及介紹，會議源起，歷次會議簡介。

3. 會議主辦、協辦、承辦單位、籌備委員會成員及組織、大會主席。

4. 會議規模：預定國外及國內代表與會人數，重要與會貴賓。

5. 會議內容：議程大綱。

6. 會議經費：預算大綱。

㈢ 場地規劃布置：會議顧問公司會配合會議之規模，開會使用或是與展覽會一起使用，休息室、貴賓室之需求，協助會議主辦單位尋找地點適當、知名度高、交通方便、符合預算的場地。並規劃各個會議場地，動線安排，設備需求。爭取價格談判，淡旺季、平時假日的價格差異與優惠。設計規劃會場配置圖，講台、主席桌、舞台座位席安排等會場布置事宜。

規劃會場布置、設備提供：包含會議場地看板、海報、背景板、指標、旗幟（顏色、尺寸、大小、直式橫式、數量）設計放置位置，花藝設計，桌椅安置，貴賓席次安排，視聽口譯器材租借，燈光音響安置與測試與監督。

㈣ 議程規劃與管理：大會議程、活動設計規劃，議程活動時間控管等。

㈤ 預算編列控制：正確估算大會預算，編列預算表，經費運用控制，補助款申請、募款規劃。

㈥ 報名作業：報名流程規劃，報名資料庫規劃，線上報名作業系統建置，報名表格設計，報名專用帳戶設立，銀行手續費收取談判，報名確認與通知，講員貴賓邀請聯絡報到確認。

㈦ 印刷、文宣製作：配合會議主題設計製作各類印刷品。如會議Logo/CIS設計，通告、海報、邀請卡、識別證製作，大會手冊、論文集編印、信封信紙。Logo設計表達主辦者專業、創意、熱情。所有印刷品要確保會議前完成。

㈧ 行銷、推廣、公關運作：規劃會議宣傳、行銷規劃，廣告促銷，記者會辦理，專訪安排，推廣活動知名度，吸引潛在與會者與客戶，擴大會議規模，媒體報導剪輯彙整事宜。

㈨ 網站設立及電腦自動化管理：會議顧問公司可根據不同行業如醫學、工程、太空、體育、科技、藝文、教育、商業等議題設計網頁與維護更新，線上報名作業，論文投稿作業系統設計。創意、豐富內容宣傳

招商效果，利用全球會議網資料庫透過演講經紀人找合適演講人，網路傳播大會資訊。

現在的國際會議會議作業都以電腦自動化管理，線上報名直接了解報名者詳細資料，不必從新輸入即可建立與會者資料庫，國內外參加人數及各分組議程人數之統計，繳費情況，線上論文審核系統，整合邀稿、投稿、審稿、錄取等工作。並可建立會議室管理系統，確保控管會議室議程執行設備齊備。製作大會名冊論文及參展單位以及大會記錄影片等光碟。

(十) 住宿、餐飲規劃：根據預算規劃住宿地點，爭取優惠房價，住宿含早餐爭取，執行訂房工作，房間控管，住宿地點交通車、接駁車、巡迴巴士交通規劃。餐飲、茶點規劃安排等。

(土) 交通、保全、保險：會議期間交通安排，貴賓、與會者接送飛機交通安排。會議期間安全維護。會議意外、議程延誤、旅遊意外等保險安排。

(圭) 接待工作：安排接機、接待、現場報到工作。協助禮遇通關申請辦理（公文、有關機關），機場貴賓室使用，會場、入出境接送，班機或貴賓延誤處理，機場接待櫃台及海報設置，接機人員的語言能力，親切的服務態度。處理與會代表註冊工作，務使與會代表享有禮貌、快速與資訊化的報到服務品質。

(圭) 紀念品、禮品規劃：與會者資料袋、紀念品、獎牌、紀念牌設計購買，貴賓、與會者、記者禮品規劃。

(圅) 社交節目、活動、旅遊規劃：晚宴、晚會規劃，表演餘興節目接洽，活動節目安排。大會旅遊、眷屬旅遊規劃，參觀訪問安排。活動規劃：博覽會／展覽會／民俗華會／開幕活動／頒獎典禮／聯誼餐會／產品發表及展示會／餐宴/慶祝酒會／競賽活動／園遊會／記者會／造勢活動／產品行銷／媒體企劃等。

(圭) 展覽規劃：徵展作業規劃，展示區規劃，動線安排，說明會規劃，攤

位規劃發包與裝潢施工。展覽宣傳推廣，保全規劃。

(六)突發事件、危機管理：突發事件或危機之處理，如與會者受傷、食物中毒、天然災害影響行程、主講人臨時取消行程、展品延誤、展品破壞或失竊、會場無法使用等。

(七)行政支援：專業會議籌辦人員支援技術和行政工作。籌備會辦公室機具設備安排，國內外聯繫，出入境辦理，文書、翻譯作業，會議記錄製作，主持人、司儀之語言禮儀及現場場掌控訓練，臨時工作人員訓練，財務、會計作業等。

會議中心策劃會展服務：雖然會議顧問公司的PCO可提供專業的會展服務，但是許多會議中心為了提升業務績效，也由實務經驗豐富的人員組成會展策劃與執行團隊，結合場地與策劃合一的服務。例如旅館、學術研究機構的會議中心都有PCO專案提供，其相關業務包含：場地及器材規劃，議程安排、講員聯繫，註冊報到作業，住房安排，餐飲規劃，交通接送，票務作業，旅遊、活動安排，典禮儀式、晚宴安排，公關宣傳、媒體聯繫，印刷、媒體設計，贊助募款策劃，接待、人力派遣，財務控管，展覽策劃，祕書組支援等。

何謂PCO？為何要用PCO？

Professional Conference Organizer 簡稱 PCO（專業會議籌畫者），是對籌組會議及相關活動能提供專業服務的公司或個人。為何要用PCO？對有些人來說，自己籌辦中小型會議也許不是太難的事，何必要花錢請PCO呢？此話或許有理，但就像請客人吃飯一樣，自己也可在家下廚辦桌，可是多數人仍喜歡到餐廳去請客，原因很簡單，因為省時、省力、菜色有選擇性，餐具、設備都較好，又有餘力來招呼客人。用PCO也是同樣的道理。至於大型會議，就像辦喜宴一樣，可不是一般人自己能處理的，請專家協助就更必要了。

PCO會越俎代庖嗎？

PCO既然如此能幹，他是否會掌控一切事務，該我這「主人」被「架空」了呢？別擔心，就像到餐廳請客，還是由您做主的。當然，事先的溝通和明確的合約可以先規範出雙方的角色及權利義務，而清楚的目標和工作計畫，可以避免誤會產生。由於PCO只是辦理行政工作及技術顧問相關事宜，其他決策仍由您主導，所以也別完全放手不管。若PCO太過熱心投入，差點忘了「他是誰」的時候，您也可提醒一下「別過界了」。而「親兄弟明算帳」更是避免不和氣的最高原則，所以合約中要先講明，如此自然能合作愉快，皆大歡喜。

PCO真的都"P"嗎？

許多PCO、公關公司、活動公司，甚至廣告公司都可辦理會議、活動。難道只要找一家PCO就可放心了嗎？當然不是。良莠不齊是各種行業都有的正常現象，所以事先要慎選，才不致後悔莫及。因為PCO講求的是「專業」的知識和良好的EQ，所以好壞差別很大，就像找對象一樣，事前的「身家調查」諸如其以前的工作經驗及合作對象對其評語、主持本專案的小組成員素質等，都是要先了解的要項。

司儀（MC）是 Master of Ceremonies 之簡稱，即在典禮、晚會、活動等各種正式場合裡負責說明、介紹及報告程序等的司儀或主持人。

資料來源：www.taiwanconvention.org.tw。

二、會議工作組織成員

(一)企劃人（Planner）及團體代表人（Group Represent）：

個人或會議公司為某些團體或獨立事件設計規劃會議、展示會等活動，提供專業之服務。

(二)會議地點服務人（Host Venues）：

會議最重要的資訊提供者是會議所在地的會議訪客局（Convention and Visitor's Bureau）以及當地的商會（Chamber of Commerce），尤其是各城市的會議訪客局其主要的任務就是行銷其目的地，所以他們可以提供非常好的會議所需要的資訊，包含人力資源、場地提供及服務、旅遊資訊、各種供應商等。

會議地點的服務人可提供住宿、會議室、食物飲料及其他各種會議或展覽會的服務，旅館、會議中心、休憩度假旅館、大學等都可作為會議地點提供者。

(三)服務供應商（Service）：

是達成成功會議的重要服務提供者，其服務項目包含場地維護布置者、會議所在地的管理公司、娛樂節目提供者、會議設備提供者、公關行銷人員、陸空交通公司、消遣、休閒、旅行社等。

此外尚有會展協力廠商如印刷、花藝、氣球布置、視聽設備、表演節目、展覽攤位設計施工、外燴、禮品、保險、保全、翻譯等。

(四)展覽工作者（Exhibitors）：

個別為委託公司提供服務，如廣告、公共關係、行銷工作、執行人等，參與展示規劃工作，使參展的產品能表現其優良的品質，吸引參觀群眾，刺激購買力。

三、會議各階層之工作人員

(一)設施作業人員（Facilitator）：

占會議參與人員的50-60%，爲會議基本工作人員，如老闆的祕書，文書、財務、行政人員，行銷公關，旅館會議局的會議服務經理，地面操作人員，旅行社及其他有關事務，諸如飯店房間的安排、餐飲事務、視聽器材、空中地面交通、旅遊安排、註冊登記、特別活動、遊藝活動、賭局等。

(二) 會議經理人（Meeting Manager）：

占會議參與人員的25-35%，決定會議目標，擬定及支配預算，設計會議議程，決定會議模式，規劃現場註冊報到，檢查場地，協商合約，現場管理，會後評鑑及其他有關事項。

(三) 會議管理人（The Meeting Administrators）：

占會議參與人員的5-10%，此部分人員要有較高之資格，有組織之能力，具有行政及管理的經驗，其職責爲管理的功能、溝通理論及技巧、學習及計畫的方法、解決問題的方法，是組織溝通和行爲專家，這類人員要有執行管理的能力。一般應有Communication 學位或企業管理、成人教育、心理學等學位。

四、會議專家的任務

會議是耗時又耗錢的工作，因此會議是否有確實的需要，要有正確的評估，否則浪費許多人力、金錢、時間，而結果會議卻無法舉行或是會議結果並未能成功。因此會議規劃人就有協助主辦單位決定是否會議有實質舉行的需要，或是協助規劃一個成功的會議。會議規劃人是會議籌畫的專家，其任務包含以下四點：

(一) 溝通專家（Communication Specialist）：

會議專家對於會議理論與實務都要有深度的基礎，對規劃會議溝通能合乎下列要求：

1. 理論、原則、實務理解與經驗。

2.有效展現方式、目標達成。

3.如何達成目標，且讓參與者學到東西。

㈡ 經理人—規劃人（Manager–Planner）：

1.管理技巧的應用（Application of Administration Skills）：

包含員工的招募及訓練、擬定計畫、設計通訊及溝通的流程、實行會議財務規劃及行政經理的其他工作。

2.執行目標（Goals）及方針（Objectives）的計畫：

了解組織的目標及方針、蒐集資訊、診斷規劃的目標、選定行動計畫、決定責任的歸屬、準備計畫方案、確定計畫的核定、要有相當的包容力，聽取各階層不同的意見，接受批評的話語，要容納大家的建議。

㈢ 資訊專家（Information Specialist）：

會議專家對於會議規劃從調查、問卷到分析資訊結果，從而規劃最佳的會議模式。

1.確定需要之資訊。

2.蒐集澄清過濾資訊。

3.整合資訊。

4.測試資訊。

5.資訊分類。

6.組織資訊網路工作。

這類工作人員要與會議工作人員相處融洽，建立彼此信任關係，常將目標放在心中，界定會議各部門之責任，學習聽的技巧。

㈣ 管理顧問（Consultant to Management）：

專業會議顧問角色要能：

1.解決問題的功能：

提供建議與決策，協助管理部門檢查問題、解決會議中的問題、會議目標之達成、探索適當資源、會議計畫諮詢、評估。

2. 內部作業的功能：

直接提供諮詢如律師、會計師、認定師及各方專家。

非直接諮詢如媒體對會議的反映評斷、程序專家協助問題解決。

五、會議規劃人職責及角色

　　成功的國際會議需要一群專業人士規劃與執行，有經驗的會議規劃人是會議成功的關鍵人物，能在預算內有效完成會議主辦者託付之責任。

　　(一) 會議規劃人職責（Duties and Responsibilities of the Meeting Planners）：

1. 規劃會議目標與主題

2. 招募挑選及訓練員工

3. 工作規範及授權範圍

4. 監督各項工作按預定計畫完成

5. 議程設計、規劃節目方案、會議設計、設施需求等

6. 檢查會場之會議室及設備、住房及配置、餐飲安排、督導現場管理

7. 洽商各項方案價格、設施安排時間表

8. 安排協調空中與陸上交通

9. 預算編列與執行

10. 安排行銷、公關、推廣等工作

11. 危機處理及臨時事故處理

12. 會議評鑑與追蹤、審視會議效益

13. 會議檔案完整資料蒐集與保存

14. 定時向會議主辦單位簡報工作進展

　　(二) 個人角色和立場：

1. 個人的因素：

　　個人技巧、與人共同工作的能力、對問題範圍的經驗、個人形象、了解問題的程度及技術水準、以前所經手的會議專案是否成功。

2. 與主辦機構經營管理人之間的關係：

　　管理階層對管理顧問之支持度、信任度、個人在機構的地位、以前管理解決問題的角色、對歷史和目標的了解、以前工作成功、失敗的經驗、公司對你的期望

3. 所面對問題的狀況之了解：

　　對問題了解程度、解決問題所需要的時間、問題透析之能力。

Do Not Consult Just to Consult , You Can Ruin Your Career.

不要爲了顧問的角色而去做會議顧問的工作，你可能會毀了你的事業。

六、旅遊作業人職責

　　旅遊活動是世界未來關鍵的產業，在各國政府積極推展下，人們除了純粹的休閒旅遊外，更常藉助參加各種會議和活動的機會到各地觀光旅遊，而這些都要藉助專業的旅行社規劃，才能滿足與會者的需要。

　　參加國際會議或展覽人士都是精明的各行各業的菁英，他們通常都具有豐富的國際旅遊經驗，會議必須提供專業的旅遊規劃，才能滿足這些精明客戶的需求，所以主辦單位應與優良及有經驗的旅行業者合作，才能使會議全程圓滿成功。

　　旅遊作業人員是開發或推銷合格旅遊業務之旅行社或個人。旅遊作業人員在會展業中扮演一個成長的角色，他們與會議規劃人安排與會者及其隨行家屬的旅遊與活動，使與會者商務與娛樂皆能兼顧。旅遊作業人與當地供應商一同安排旅程中之名勝地點、交通、膳食、住宿、門票、休閒娛樂活動等事宜。

　　參加會議者，事先會在會議報名資料中得知大會安排會議前、會議後旅遊規劃節目，或會議期中僅家屬參加的旅遊活動，除了大會安排之免費旅遊節目外，其他之旅遊節目通常需參加者自行付費。

展覽會是一種大量資訊交換活動，主辦單位、參展廠商、參觀買主、裝潢公司、運輸公司、報關行等，都是舉辦展覽過程中必要配合的協力廠商，而經理人要負起統合協調溝通的重任。

(一) 展覽會緣起：

展覽會或是展示會是提供一個公眾地點由參加者結合某一特定行業將其商品集中展示的交易活動。歷史說明古代商旅在經過沙漠時，各路人馬會合某地，彼此交換貨物，這可稱為最早的商展行為。美國最早的商展可追溯至1876年美國為慶祝建國100週年，亞歷山大貝爾在費城展示的電話展覽。

工業時代來臨使得產品的行銷是企業發展的重要工作，銷售人員在路途上花了大量的時間銷售其產品，因而想出在旅館房間展列其商品邀請消費者前來購買及討論。1920年中期，各種產業更個別設置展示廳邀請展示者共同展示，消費者及採購商有更大的活動空間和商品的選擇性，這也就形成了今日參展廠商達5,000家以上的商展了。

商展與會議不同之處在於會議不一定定時定點舉行，而展覽大都在定點定時舉行，例如現今國際知名的德國法蘭克福書展，美國拉斯維加斯的電腦展，中國廣洲的廣交會，都是定點定時的著名商展，世界著名廠商都會報名參加。

(二) 商展服務人員：

商展有商展承辦人、展覽會經理人、展示經理、契約協力廠商、旅館、會議及訪客局等共同完成商展活動。商展承辦人通常是貿易或職業協會，它們利用商展來配合大型會議之舉行，以創造經濟的利益。Interface集團為商展及展覽會開發出 COMDEX 的管理系統，將各主要電腦公司集合設立商展資訊網，提供商展最新之資訊。

商展最重要的服務人員是展覽會或展示會經理人，他們要對主辦單位

負起籌辦商展的管理工作。在商展主題確定後，就要開始下面的工作：

1. 決定場地：

　　如果商展的場地已經固定在某城市之某場地，經理人就不必尋找合適的場地。事實上，許多大型的商展場地是每年在同一城市同一場地的展覽場地舉行的，例如美國全國餐館協會商展是每年在芝加哥的Mc Cormiek Place 舉行，而德國每年的法蘭克福書展也是世界最著名的展覽之一。

圖2-1　美國德州休士頓國際會議中心展覽場

2. 招聘參展廠商與吸引參與者：

　　展覽會與會議一樣，確定目標以後必須決定會議參與者，展覽會要開發參展者名單以及界定目標觀眾，主辦單位必須吸引展示廠商報名參加展覽會，因此必須擬訂宣傳推廣計畫，編列廣告公共關係費用，利用媒體廣為宣傳，使參展廠商相信在展示中提供他們最佳的銷售機會，所以一份完善的展示廠商計畫書是最好的說明。

3. 展示廠商計畫書：

計畫書提供參展廠商決定是否參展最重要的資訊，內容包含展覽會日期、地點，展覽品移入、移出資訊，專櫃成本，付款方式及時間表，主辦單位的介紹，簽約的手續，展示場地資訊，展示的各項規定等。計畫書在商展的行銷上居有重要的角色，沒有完善的計畫書很難吸引廠商參展之意願，所以展示經理人會掌握過去的成功案例紀錄及精確利用這些資訊，招募廠商參加展覽會。

4. 會議或研討會：

為了吸引更多的參與者，商展也會規劃專業會議或教育性研討會，一方面回饋參展廠商免費參加會議，藉以吸取專業知識，增加與同業聯誼機會擴大商機。另一方面亦可吸引某些雖未參展但是願意參加會議者的加入，增加展覽會的經濟利益。

5. 參展報名表及各項合約格式：

設計參加商展廠商向主辦單位報名的格式，可放在展覽會的網頁上，方便參展者線上報名。同時也要擬妥參展商與主辦單位的合約及詳細內容。經理人扮演著主辦單位及參展廠商間聯絡人的角色，負責維持雙方在商展規劃及執行上的聯繫工作。

此外，商展還有許多的周邊服務廠商，因此也要擬定一些轉包契約，以確保這些合約人能接受經理人的管理及提供展覽廠商合格的服務。這些參與服務的轉包商包含：住宿旅館、場地、貨物運輸、巴士、航空公司、水電、裝潢、廣告、視聽設備、安全、清潔等。

6. 現場管理：

規劃參展廠商和與會者報到登記、展示物品移出移入、現場標誌、展示商導引、各項活動按時進行、意外事件處理等。總之，經理人必須隨時給予參展廠商必要的協助，協調並處理任何廠商與合約人之間的爭議。

7. 評鑑及報告書：

根據調查表或問卷評鑑展覽會之得失，結清帳目、關閉網頁，並將展覽會之報告送交主辦單位，結束此次展覽會工作。

圖2-2　台北世界貿易中心展覽館

圖2-3　美國德州休士頓國際會議中心展覽場

第三章　會議規劃步驟

會議規劃的步驟流程有會議組織歷史背景分析，設立籌備委員會，訂定會議目的、目標，編列預算，擬定會議計畫書，決定會議模式及議程，選擇會議地點，確定場地，會議現場管理，會議評鑑，結束工作，整理檔案等。規劃步驟僅分別說明如下：

一、會議舉辦者組織背景分析

　　現今會議的類型最多的是各類行業或組織協會（Association）所召開的會議，幾乎占所有會議的一半以上，其次是公司或機構（Coporation）的會議、宗教會議（Religion）、醫學會議（Medical）、保險業會議（Insurance）。不論哪種類型之會議，規劃者都要對舉辦者的背景（Background）有所了解，才能籌備成功的會議。

㈠ 出席者之知識技術水準：出席會議人士有參加會議者及眷屬和隨行人員，對於與會者的程度、知識、技術水準、期望獲得滿足的程度都要有所了解，才能安排主題，邀請合適之講員為會議主講人。

㈡ 經濟狀況：組織負擔費用或個人負擔費用，都會影響場地的選擇及餐飲之安排。

㈢ 參與者差異性：國際會議與會者來自世界各地，其政治、宗教信仰、教育程度、年齡、性別、娛樂嗜好、食物偏好、服裝、個性都有相當的差異，甚至眷屬同行的比例都影響節目及活動的安排。

㈣ 蒐集並分析資料：可以下列的方式蒐集資訊：

問卷調查：用簡單不要花太多時間的問卷調查。

面談：向有關人士請教，主管級最好不要用電話訪談。

個人習性及偏好：主辦單位有關人員之偏好。

地理特性：地理條件之要求。

以前會議性質及評鑑資料分析：參考以前會議資料。

政策特性及企業的註釋：企業政策及要求。

電腦查詢：上網查詢資料。

二、設立籌備委員會之組織

國際會議確定由某一城市之組織舉辦後，就要籌組一個大會的籌備委員會（General Planning Committee）來規劃會議前的準備工作。籌備委員會可以提供會議規劃人諮詢及顧問的角色，協助會議規劃人解決問題，使會議籌備工作有效並順利進行。（如下頁籌備委員會組織圖）

籌備委員會的組織視會議規模的大小而定，大型會議人數以十人左右為原則，人數太少不能廣泛吸收專家的意見，減少會議的效果。人數過多召集會議不易，籌備委員成為形式，影響整體工作的進行。聘請籌備委員應考慮委員的會議管理專業素養、熟悉會議主題與目的、了解與會者的需求和贊助者的意見、能參與委員會議並能執行分派的工作。此外，籌備委員會最好能涵蓋產、官、學界人士，受邀擔任籌備委員者對會議募款、行銷，及與各公務部門協調、溝通都能提供必要的協助。

(一) 籌備委員會的主要任務為：

● 分派委員任務與職責
● 訂定會議目標與主題
● 會議任務分組及推薦各組負責人選
● 議程設計意見
● 會議日期、地點、設施、活動等的建議
● 協調溝通諮詢角色
● 會議參與者、贊助者與會議籌畫工作者橋樑
● 協助會後評鑑工作

(二) 籌備委員會工作內容：

籌備委員會按會議的性質、規模、目標組成工作小組，聘請適當的工作人員開始籌畫的工作。其工作內容如下：

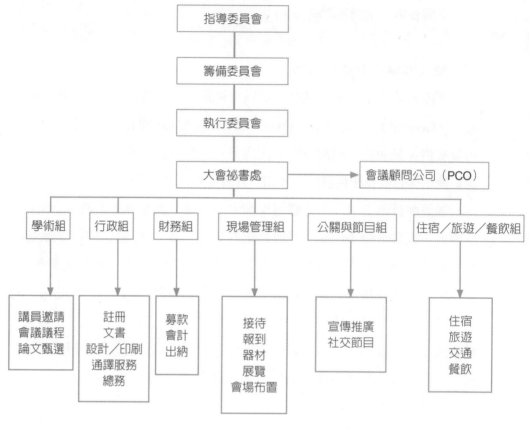

圖3-1　籌備委員會組織圖（Organizing Committee）

1. 建立會議網頁：國際會議組織決定了會議舉辦的城市，該國主辦機構就要開始成立籌備委員會，架設會議網站。根據UIA（Union of International Association）2002年的資料顯示，會議工作利用到網際網路的比例如下：

Promotion（促銷）　　　　　　　　　　　79.3％

Registration（報名）　　　　　　　　　　68.9％

Participant Communication（與會者溝通）　63.3％

Papers Submission（文書往來）　　　　　　60.0％

Proceedings（會議記錄）　　　　　　　　 48.5％

Evaluation（評鑑） 33.6%

Payment（付款） 26.5%

Messaging（通信） 13.4%

Distance voting（遠距投票） 6.3%

Mixed（其他） 5.5%

Voting on site（現場投票） 2.9%

2. 規劃報名、報到作業：由於網際網路的方便，參加者報名方式可以直接下載網頁上之報名表報名，或是以傳真、郵寄方式報名，團體報名則將團員資料彙整集體報名（如表3-1、3-2、3-3）。

表3-1　國際會議報名表內容項目

Registration Form	
1.Delegate Information（Personal Information）：	
Registration Date:	Address:
□Mr.　□Mrs.　□Ms.　　□Others	
First name：	City：
Middle Initial：	Province/State：
Last name：	Postal/Zip Code：
Position/Title：	Country：
Company/Organization：	Phone：Fax：
Email Address：	Special Dietary：□Vegetarian □Other_____
2.Registration Fees：	
Members：	
Regular Registration Fee：Before□US$××× After□US$×××	
Single Day Registration Free：Before□US$××× After	
Non-Members：	

Registration Form
Regular Registration Fee：Before☐US$×××After☐US$×××
Single Day Registration Free：Before☐US$×××After
Student：
Regular Registration Fee：Before☐US$×××After☐US$×××
Single Day Registration Free：Before☐US$×××After
Registration Fee：
3.Social Programs：
Events：Name：

Welcome Reception：☐Yes ☐No	Congress Banquet：☐Yes ☐No
Farewell Dinner：☐Yes ☐No	

Special Program and Fee：

City Tour（Free）☐Yes ☐No	Folk Art Tour（US$30）☐Yes ☐No
Industrial Visit Program（Free）☐Yes ☐No	
Golf Tournament（US$150）☐Yes ☐No	
Evening Program（US$100）☐Yes ☐No	
Total amount Due：	Registration Fee：

4.Hotel Accommodation：（Per room）
☐ 1.××××(US$100) ☐ 2.××××(US$100) ☐ 3.××××(US$100) ☐ 4.××××(US$80)

Room Type：☐Single ☐Twin	Check-in Date：	Check-outDate：

5.Payment/Credit Card Detail：
☐Check enclosed for total amount due
☐Bank Transfer：
☐Credit Card：
6.Contact Information：

表3-2　旅館預定表

Hotel Reservation form			
Received Date：			
Registration ID#：			
1.Participant：			
First name：	Middle Initial：		Last Name：
Position/Title：		Corporation/Organization：	
Mailing Address：			
City：	Country：	Postal Code：	
Tel：	Fax：	E-mail：	
2.Accompanying Person：			
First Name：	Last Name：		Relation：
First Name：	Last Name：		Relation：
3.Accommodation：			
Codes/Hotels	Single	Twin	Deluxe/Suite
H1/×××Hotel	☐US$170	☐US$170	☐US$230
H2/×××Hotel	☐US$180	☐US$180	☐US$200
H3/×××Hotel	☐US$140	☐US$140	☐US$200
H4/×××Hotel	☐US$100	☐US$100	☐US$180
H5/×××Hotel	☐US$110	☐US$110	☐US$180
1st Choice	2nd Choice	3rd Choice	4th Choice
4.Period of Stay and Flight Details：			
Check-in Date：	Arrival：Flight No：		Time：
Check-in Date：	Departure：Flight No：		Time：
5.Cancellation Policy：			

表3-3　中文國際會議網頁報名表內容

1.會議代表基本資料			
報名日期：			
□Mr. □Mrs. □Ms. □Others			
中文姓名：		通訊地址（中文）：	
英文姓名：		通訊地址（英文）：	
聯絡電話：	傳眞：	Email：	
公司（機構）名稱（中文）：	職稱：		地址：
公司（機構）名稱（英文）：	職稱：		地址：
飲食需求：□素食　　　□回教　　　□猶太教　　　□其他			

2.報名費：			
□會員	(2.1)＊月＊日前報名	(2.2)＊月＊日後報名	(2.3)現場報名
	NT$○○（US$○○）	NT$○○（US$○○）	NT$○○（US$○○）
○眷屬	NT$○○（US$○○）	NT$○○（US$○○）	NT$○○（US$○○）
□非會員	＊月＊日前報名	＊月＊日後報名	現場報
	NT$○○（US$○○）	NT$○○（US$○○）	NT$○○（US$○○）
○眷屬	NT$○○（US$○○）	NT$○○（US$○○）	NT$○○（US$○○）
□學生	＊月＊日前報名	＊月＊日後報名	現場報名
	NT$○○（US$○○）	NT$○○（US$○○）	NT$○○（US$○○）

會員/人數	眷屬/人數	非會員/人數	眷屬/人數	學生/人數	金額
（2.1）					
（2.2）					
					總金額：

3.社交活動：（活動詳如附表）					
3.1：□Mr.	□Mrs.	□Ms.	□Others	人數：	金額：
3.2：□Mr.	□Mrs.	□Ms.	□Others	人數：	金額：
3.3：□Mr.	□Mrs.	□Ms.	□Others	人數：	金額：

3.4：□Mr. 　　□Mrs. 　　□Ms. 　　□Others 　人數： 　　金額：		
3.5：□Mr. 　　□Mrs. 　　□Ms. 　　□Others 　人數： 　　金額：		
總金額：		
4.付款方式：		
□支票		
□匯款		
□信用卡		
退款須知：		
付款人：		
收據抬頭：	統一編號：	
郵寄地址：	收件人：	
5.主辦單位：＊＊＊＊＊＊大會籌備處		
地址：		
電話：	傳真：	
Email：		
網址：www.＊＊＊＊＊＊＊.org.tw		

　3. 設立會議收款帳戶：

　　開立大會銀行帳戶以便進行與會者之報名費收繳處理作業。開立帳戶須備妥主辦單位成立立案之證明文件，負責人身分證件及大小章等證明文件。繳費方式若為刷卡，則須向刷卡銀行辦理簽約，供一般與會者刷卡繳費，一般刷卡種類為Visa、JCB、MasterCard、AE。

　4. 通告寄發：

　　雖然網站提供詳細大會資料，可是對會員國之組織及會員仍要寄發各種書面資料，通告寄發之前首先須蒐集寄發名單，通常包含會員名單資料，預計邀請對象或可能報名參與本次會議的對象。名單蒐集後以電腦檔

案方式存檔，以便日後作為其他資料之運用，名單整理後製作成郵寄名條，按各國別不同寄發通告。若參加會議者因公務旅行需附邀請信函，則依一併將信函寄出，以示重視。

5. 論文甄選：

⑴ 論文甄選

● 籌備委員會首先應成立論文審核小組，進行論文甄選作業。

● 論文審核小組應先決定論文甄選條件及辦法，並經由籌備委員會通過。

● 工作小組依籌備委員會決議的條件及做法擬具論文徵選辦法（Call for Abstracts），經籌備委員會確認後隨第二次公告（2nd Announcement）及最後公告（Final Announcement）寄出。

● 論文工作進度表：

　○論文摘要提交截止日期

　○錄用通知日期

　○短文提交截止日期

　○最後文稿提交截止日期

⑵ 入選者通告

經籌備會學術組審核入選之論文，工作人員應以正式函件通知論文入選人。

論文徵選辦法內容：

● 申請表格

● 評選辦法

● 內容要求

● 格式要求

論 文 格 式

論文題目

作者姓名

單位名稱

摘 要

摘要內容中文及關鍵字（keyword）請用細明體10點字，英文用Times New Roman 10點字。1.5倍行高，前後段距離0.5列。第一行內縮兩字。摘要不超過500字。關鍵字用10點字，3-5組為宜。

一、大標題一

中文用細明體，英文用Times New Roman。「大標題一」用粗體14點字，置中對齊，編號用國字（如：一、二……）。1.5倍行高，前後段距離0.5列，與後段之間不空行。

中文用細明體10點字，英文用Times New Roman 10點字。1.5倍行高，前後段距離0.5列。第一行內縮兩字。引用參考文獻以〔〕標示。全文勿超過10,000字，A4版面，上方留邊2.54公分，下方留邊2.54公分，左右均留邊3.17公分。

二、大標題二

次標題1.1（12點）。

中文用細明體12點字，英文用Times New Roman 12點字。靠左對齊，以數字編號（如：1.1，1.2……）。前後段距離均為0.5列，與後段之間不空行。

圖表以數字編號（如：圖1、圖2……），圖名稱位於圖下方，表名稱位於表上方，置中對齊。

參考文獻

文獻書寫方式：

作者（姓在前名在後），年分，篇名，期刊名，卷期，頁數XX-XX。如，

容繼業，（1997），網際網路消費者對旅行業設置網路行銷認知之研究，觀光研究學報，3（2），頁7。

作者，年分，報告或書名，出版地：出版單位。

作者，年分，專章名稱，報告或書名，頁數，出版地：出版單位。

作者，年分，論文名稱，學位，學校，地點，出版單位。

中書名或期刊名稱，中文著作加底線，英文著作用斜體字標記。

6. 表演節目規劃：

(1) 節目需求

一場國際會議中節目的需求，可安排在以下幾種場合：

● 開幕典禮：可安排一場開幕秀，增加與會者的印象，並突顯主辦單位的用心。

● 晚宴：例如歡迎晚宴、大會晚宴及惜別晚宴等社交活動中，安排各種類型活動；節目達到交誼目的，同時讓所有與會者了解主辦國家的文化內涵及表演藝術。

(2) 節目規劃

節目規劃應考慮下列幾個原則：

● 開幕秀：應結合會議相關意義，設計讓人印象深刻的節目。

● 歡迎晚會：建議以較輕鬆的音樂性節目來歡迎與會貴賓，如管絃樂、傳統音樂等。

● 大會晚宴：形式較不拘，如有較多國外貴賓，可多考慮傳統藝術表演，並可宣揚台灣傳統表演藝術。

● 惜別晚宴：主要讓與會者交流、互道珍重，舞會搭配現場歌者、樂團表演或卡啦OK等方式都是不錯的安排。

(3) 現場掌控

一場晚宴或一場開幕秀，如何做到成功圓滿，以下建議提供參考：

- 表演團體聯繫，別忘了簽訂演出合約及發通告告知表演日期、時間及請提供特殊器材的需求，以免到了現場燈光、音響廠商或舞台無法配合演出。
- 表演團體抵達時間確認，盡可能聯絡到確切抵達時間以求安心，如流程時間提前，也可及早作相關應變措施。
- 燈光音響的掌控，雖然大都由廠商操作人員操控，但重點的掌控、時間點的切入都應納入掌控，以達最好的演出效果。
- 應事先看過彩排以了解表演團體的品質。

7. 報名資料建檔分類：

承辦人員將分類後之報名表單，將各項基本資料如：姓名、國別、單位、電話、地址、報名繳費方式說明、旅遊調查、住宿調查、身分證或護照號碼、班機時刻調查等資料分別鍵入於電腦中之報名資料統計表，並建檔、分類、統計，以便建立與會者名單。

8. 場地規劃作業：

(1) 場地接洽
- 全球會議網是一個搜尋適合場地的網站。
- 尋找適合的場地後接洽場地服務人員，進行相關預定作業，同時不要忽略了相關進場布置及撤場的時間。
- 一定要到現場實際了解場地現況。

(2) 場地勘查
- 現場勘查應攜帶物品：皮尺、相機、筆紙、會議之相關資料。
- 應索取之場地資料：場地平面圖、場地適用之相關規定、租金價格表等。
- 現場勘查重點：
   ○ 出入口動線位置，與會者或民眾之出入動線如何行進。
   ○ 位可安排方式、容納人數多寡。
   ○ 可安排之布置規劃。

○ 重要地點、位置需拍照及丈量場地之大小、高度等相關尺寸。

○ 進出之相關位置及動線。

○ 各項作業之可行地點確認、規劃建議，如報到台位置、舞台、會議室安排等。

○ 場地現有之可提供設備或功能，如視聽器材、水電設備、清潔服務等。

9. 交通規劃：

(1) 交通需求規劃

依據會議規劃之交通需求如接機、旅遊、與會者接送等，並填寫交通需求規劃表，交通需求規劃應詳細列出各交通需求的項目如需求時間、車輛形式、數量、抵達時間、線路等作為規劃之依據。

(2) 接機工作安排

接機工作應事先做好貴賓抵達之時間表，事先安排交通需求如大小巴士、小型禮車接送等。安排通關事宜，依貴賓層級可區分為禮遇通關或一般通關。此外，應在機場或火車、公路車站設置服務櫃台，在出入境大廳架設海報架，貼上醒目接機海報引起注意。

10. 講員邀請：

(1) 講員邀請條件

依國際會議慣例或本國邀請國外講者之相關條件，由大會擬定邀請講員之條件如機票補助、食宿供應、國內外交通安排及稿費等。

(2) 講員權力及義務

受邀請之講員應提供演講稿之論文資料乙篇，由大會於事前印製論文稿提供與會者索取，論文稿件長短可依會議發表時間預定頁數。相關出版之版權問題，應事先考慮周詳，詳列於邀請信函中，以避免事後法律問題。

三、訂定會議目標與主題

　　會議計畫的第一個工作就是要確定會議的目標與主題（Theme），會議要傳達哪些訊息，或是要完成什麼工作。舉辦會議有不同的性質和目標，諸如年度例行會議、商務會議、企業會議、宗教會議、政治大會等，皆須根據目標的不同設計適當的會議型態和模式。許多會議是以利益經營為目的，如職業團體、獨立公司、產品銷售者等來推行會議或展覽會，也有許多非利潤為導向的會議由政府委託辦裡或社會團體舉辦。會議的目的、模式及表現方式分述如下：

　㈠會議的目的：

　1.溝通的目的：討論問題、取得共識

　　　　　　　　　發布政令、執行政策

　　　　　　　　　宣導及推行政策

　　　　　　　　　聯誼促進人際關係

　2.解決問題：問題討論、議決處理方案

　　　　　　　會議決議，共同擔負決議的責任

　3.學習新知：專家學者發表專業學問、知識及技術，提供學習機會

　　會議的目標、目的是會議召開的主要原因，企業公司舉行會議其目的在傳播企業的資訊、制訂決策、解決問題、訓練員工或是計畫未來等。由協會或社會團體舉辦的會議，則在建立工作網路、教育會員、解決問題、傳授新知識或技術等。不論哪種目標，都應在規劃中擬定步驟、過程、方法、技術。許多會議主辦機構發現雇用專業的會議籌辦團體，負責主要會議計畫較為實用，可以減少浪費，節省主辦單位費用，並避免一些非專業引起的問題。會議因長期目標或短期目的不同，而組成規模大小及時限長短不同的籌備委員會。

「目標、目的」

1. Goals：是長期目標，有時訂在五至六年以上，由政策規劃部門聯繫，訂下企業專業會議計畫。

2. Purposes：是立即的目標（Targets），一個目標完成，可向下一個目標續進，此種會議目標大都是著重啟發、解決問題、說服等事項。

3. Objectives：是有範圍及已預測的目標，一次會議只有一個或一個主要目標，接下來有些附屬目標。

㈡ 會議的模式：根據會議的規模設計會議是以何種模式進行，或是以不同的形式混和進行。通常會議可以下模式規劃會議：

1. 全體會議：全體與會人士聚集會議大廳，由一位主講人演講或是由主席及有關人員主持會議。

2. 分組會議：將議題藉由分組討論或研討方式提出觀點或意見。會議在同時間有不同的主題在不同的場地分組研討。

3. 講習會：主講人提出理念、經驗、示範操作方法、技術，提供與會人士討論學習。

4. 座談會：一位或數位主講人針對某一主題發表短評、講話或提供資訊，與會人士發表意見，共同討論。

5. 展示會：公開展覽、演出或展示產品，示範服務。

㈢ 表現方式：

1. 多媒體表現。

2. 主講人簡單視聽器材輔助演講，如投影機、放映機等。

3. 實務示範說明方式。

4. 與聽眾互動方式。

5. 分小組研討後做聯合討論方式。

四、編列預算

　　主辦機構要提供全盤的會議預算額度，會議目標確定後，要擬妥預備預算，預算主要有三部分，必要的固定費用、變動費用、收益來源，經審核後，定出最後預算（Budgeting）。

五、製作會議計畫

　　會議規劃人在設計及籌畫會議時應製作會議計畫（Producing Meeting Plan），會議計畫之大量文件應設計格式化的表格將資料登入，並可利用查核表（Check List），檢查各項工作，如工作人員任務分派及職責、活動規劃及合約規定等，並以進度表預估每一部分工作完成之日期。將這些表格合訂製成工作手冊，隨時查核工作進度，確保各項工作順利進展，成功達成任務。

　　工作手冊的格式有下列項目：

1. Coordinator's Book Formal（工作協調手冊）。

2. Sample of Meeting Planning Worksheet（會議規劃工作表）。

3. Planning and Responsibility Chart（計畫與責任表）。

4. Problem Sheet（問題表）。

5. Responsibility Assignment Sheet（責任職務表）。

6. Staff List（員工名單）。

7. Schedule Form（時間表格式）。

8. Site Personnel List（場地人員名單）。

9. Site Inspection Form（場地檢查表格）。

10 Outside Services Personnel List（外部服務人員名單）。

11. Equipment and Supplies List（設備與供應品名單）。

12. Exhibitor List（展覽者名單）。

13 Activity Planning Sheet（活動計畫表）。

14. Program Planning Form（節目規劃格式）。

15. Program Planning Arrangements （節目規劃布置）。

製作會議計畫時間表（Develop the master timetable）：

會議計畫時間表因會議的規模和性質而擬定不同長度的籌備時間表，1,000人以上大型的會議規劃期長達四或五年，而一般中小型200至500人之國際會議都以兩年為籌備時間。而這類中小型會議占了國際會議總數的三分之二。以下以一般性之國際會議設計時間表提供參考：

1. 兩年前：

　⑴ 成立籌備委員會，建立組織系統，釐定各組工作規範。

　⑵ 接洽旅館及會議中心：規模大小、設施與服務提供。

　⑶ 會議有關負責人討論會議概念、意見溝通。

　⑷ 訂定目標及主題。

　⑸ 選定旅館、會議場所、確定會議日期。

2. 一年前：

　⑴ 會議主要項目。

　⑵ 促銷推廣時間表。

　⑶ 各工作小組計畫方案、預定完成工作時間表。

3. 九個月：

　⑴ 預估會議各階段員工人數。

　⑵ 各類印刷品清單。

　⑶ 固定工作人員名單。

　⑷ 考量隨行眷屬節目。

　⑸ 接洽會議城市會議局（主講人及各項供應商資訊）。

　⑹ 設計會議各項工作查核表。

　⑺ 設計印刷品。

4. 六個月：

(1) 邀請貴賓名單（VIPs）。

(2) 與主講洽談其演講形式與時間、所需視聽（AV）設備。

(3) 與供給商查核文具用品購買單。

(4) 安排會議期間交通工具（大巴士、貴賓轎車）。

(5) 安排會議用品儲藏室。

(6) 商討菜單，上下午茶休息時間、地點、接待。

(7) 購置會議禮品、紀念品。

(8) 聯絡會議提供服務機構或人員（旅遊、娛樂、廣告裝潢等）。

5. 三個月：

(1) 確定菜單，上下午茶休息時間安排。

(2) 攝影安排。

(3) 地面交通時刻表。

(4) 安排會議記錄。

6. 一個月：

(1) 完成之物件配送。

(2) 訂製及完成各類看板標示。

(3) 檢查核對大會手冊及刊物並製作完成。

(4) 安排每一項活動之查核表。

(5) 物料運送，會場工作人員辦公室安排。

(6) 確定節目人員、供應商合約書簽訂。

7. 兩週：

(1) 集中並確認會議所有物件，確認交通安排。

(2) 提供VIP名單給旅館，旅館支援大會之服務細目單。

(3) 確認書面資料齊備。

(4) 供應商物件送達會議場地的時限。

(5) 再確認主講人日期及時間。

⑹貴賓邀請函寄發。

8. 一週：

⑴準備名牌。

⑵資料裝袋。

⑶訂會議期間之花、酒、VIP禮物等。

9. 兩天：

⑴全部工作預演。

⑵與會場主管人員審查旅館或會議中心計畫。

⑶查核運送至會場之物件。

⑷檢查視聽設備。

⑸報到處之計畫再確認。

⑹菜單、茶點之再確認。

⑺攝影人員、視聽人員再確認。

10. 一日：

⑴查核到達日天氣。

⑵檢查會議室及設備。

⑶檢查房間及工作人員準備完全。

⑷主講人與賓客與媒體會面。

⑸工作手冊與工作職責簡報。

⑺餐食再確認。

⑻房間安排與房間配置圖。

⑼表演節目預演。

參考資料：The Complete Guide for the Meeting Planner（Jedrzicwski）。

六、會議模式及議程

會議的模式及議程（Meeting Pattern & Agenda）包含節目或議程設計，

其結構模式、整體的平衡性、主要主題與次主題的搭配、嚴肅與活潑節目、正式與非正式時間的安排等，都要考慮是否達到活動的目標，是否提供了參與者專業的成長以及工作網路的機會。

會議的目的和主題確定以後，就可開始設計會議的議程，決定哪些節目應列入議程，如何將資訊傳授、主持人、研討會、餐飲及其他活動安排到適當的日期及時間，使與會者皆能滿意於大會的安排。

1. 會議模式：整個會議活動的程序，由抵達到離開，如報到、接待、演講、討論、餐飲安排、消遣、娛樂等。會議的模式與會議的議程要相互配合，才能達到每項活動的效果。

2. 會議議程：是會議的主體，要經過規劃、溝通、協調才能設計一個能反映整個會議標的及主題的成功會議。

七、決定地點

國際會議地點決定（Location Determination）有些是早由會議組織或主辦機構決定的，否則會議經理人則需將可能的地點資訊，提供會議主辦單位參考。一個成功的會議，地點是很重要的因素，方便及成本是決定地點重要的因素，此外還要考慮交通、氣候、過去會議歷史、充裕設施等。

根據UIA2002年的統計，國際會議舉行地區的分布以歐洲58.8％最多，依次為北美9.9％和南美3.8％，美洲地區合計為13.7％；亞洲7.6％；非洲5.6％及大洋洲的3.8％。

選擇會議舉辦城市考量因素，根據「Meetings, Conventions, and Expositions」的資料，提出下列數項列出參考：

- 成本
- 便利性
- 交通可及性
- 房間獲取性

- 展示空間
- 會議空間
- 休閒娛樂活動
- 銷售能力
- 氣候
- 城市的公眾形象

八、選擇場地

　　場地是提供會議交流的地方，選擇場地（Site Selection）其設施、服務、裝潢、美觀、氣氛親切，都有助於會議期間之交流。會議規劃人可向設有會議與訪客局的城市提交會議計畫書，會議與訪客局會將其需求公告其會員，有意爭取之會員單位將資料提交會議與訪客局，再由訪客局整合所有資訊送交會議規劃人，會議規劃人可以先做紙上初步評估，最後就選定的場地做實地訪問及檢查的動作，將訪問過的場地的檢查項目查核單（Check List）帶回，交由籌備委員會決定會議的場地。總之，會議場地的決定一定要多方比較，再最後決定選擇最適當的場所。決定場地要使所有的設施、服務、設備及裝飾，都能為會議達到更多的溝通與交流的效果。

　　會議場地考量的項目包含：

（一）住宿場所（Sleeping Space）：

　　雖然房間的費用占了會議預算很大的比率，但是住房影響會議的品質。安排住房時，雙人床不如兩張單人床理想，旅館房間要乾淨、清潔、衛浴設備完備，提供香皂、洗髮精、吹風機、浴帽、梳子、牙刷、牙線、刮鬍刀、晾衣繩、浴袍等用品，燈光、空調合適，房間附屬品周全如免費使用之信封信紙、筆、便條、面紙、擦鞋布、咖啡及茶包、水果、開水壺、礦泉水、拖鞋等，旅館指南、娛樂指南詳細，如旅館附近的餐廳、夜生活地點等之資訊提供，房間服務是否好又快等。

圖3-2　飯店之宴會及會議廳

㈡ 會議的空間（Meeting Space）：

　　會議的空間及設施，影響交流溝通的氣氛。會議室的數量、形狀、房間大小、樑柱障礙、家具品質適宜，每一個人所擁有的室內空間恰當，消防設施完善，天花板的高度是否影響到會場的布置與壓迫感，牆壁的裝潢、色彩、窗戶、窗簾美觀，溫度、空調、燈光、聲音是否可以單獨控制，電話設備、視聽效果是否可以接受等，都是檢查會議室要注意的項目。

㈢ 服務提供（Service）：

　　會議所有的工作人員都是服務業，每一部分都要檢查、督導，如交通問題之空運、火車、巴士，機場櫃台、機場巴士或特約車、收費還是免費，櫃台、出納、門童、餐飲種類、服務人數、快速報到、設施使用是簽帳、打折等之服務安排。

㈣ 餐食和飲料（Food & Beverage）：

　　餐廳設備完善，食品服務的空間及地點要夠大，是否乾淨、衛生，主廚是否有創意、烹調技術高超、食物選擇的多樣化、用餐空間要大、裝潢美觀、宴會設施完善、員工服務態度專業、有多個餐廳供與會者選擇，才能同時容下所有的與會者用餐。對於早餐、午餐、晚宴、晚會、酒會或茶

會飲食提供、場地和服務的品質等，也要有所要求。此外會議的功能之一是提供讓與會者與相關人士交流的機會，所以適當的聯誼場地是需要的。

(五) 可及性（Accessibility）：

會議場地的便利性包含以下數項：

1. 空中及地面交通：交通旅行占了會議成本很大的比率，與會者如何到達會議或展覽城市，航空運輸的方便及價格，對自行開車或租車者應提供詳細市區地圖、旅館位置圖等精確資訊，會場與住宿地之間巡迴巴士的服務亦要列入考量。許多大型會議、展覽或比賽時，因會場或比賽的場地並不是都在同一個會場、展覽館或體育館，必須有巡迴巴士接送。

2. 會場交通的流量：電梯、電扶梯、樓梯數量，都會影響會場疏散的時間。

圖3-3 電扶梯容易疏散人潮

3. 茶點的場地：最好能在會場的附近找一個空間舉行，距離不可太遠，

不要耽誤下場會議的時間，如果沒有適合的地點，則只好將點心直接放在會場的桌上。這種方式不但需要大量服務人員，因為休息茶點與會場在同一場地，影響下依階段會議之時間掌控，所以大型會議室不適合採用的。

4. 洗手間的便利性：會議休息時間有限，要有足夠及方便的洗手間供與會者使用，一般估算女士一人以5分鐘、男士一人以3分鐘來評估，不要讓與會者等太久耽誤下面的議程。

不過有一些會議會在旅館的會議廳開會，因此與會者可以在休息的時間，回自己的房間上洗手間，減少一些洗手間可能不足的問題。

(六) 休閒娛樂設施（Recreation and Exercise）：

會議場地也要考慮休閒活動空間，如運動場地及設施，社交活動的地點，商店的數量，進而最好附近旅遊、購物、觀光的方便也應一併列入考量。

九、現場管理

會議不論如何周到，會議真正舉行時，總是多少會發生一些差錯，「經驗」是在參與和處理現場問題最可信賴的方法。為了減少現場突發事件及處理的容易度，應將每日、每場節目做詳細查核表，檢查是否有疏漏之處。並確定現場單位合作情況、了解其應做事務的程度，以及是否達到應有之效益。現場管理（On-Site Management）的工作項目如下：

(一) 註冊與報到：包含報到區規劃，報到流程設計，現場報名繳費，人力規劃等。

(二) 會議場地管理：會議場地之大會會場祕書處辦公室之規劃，會議場地的控管，各種會議需要之場地與需求條件，桌椅安排方式以及各種活動或會議場地安全維護等。

(三) 會議議程及會議設備管理：

1. 議程管理：議程掌控，會議有關主持、演講人員聯絡與配合。

2. 會議設備管理：

　　⑴ 會場規劃：會議室布置、桌椅安排方式、講台布置等。

　　⑵ 會場設備：視聽、燈光、溫度調整，講台、舞台設備，會議服務需求，人員調配等。

㈣餐飲管理：工作項目有確定餐飲型態，各項餐飲場地規劃，桌次席次安排，服務支援及餐飲之安全衛生等。

㈤社交節目管理：包含歡迎、開幕、歡送晚宴安排，酒會、接待會規劃，體育、參觀訪問、旅遊節目安排等。

㈥會議接待：接待工作是現場管理人員專業、熱誠、親善等表現的最大考驗。接待項目包含會議及住宿地點的接待，大會的接待，機場的接送，媒體的接待等。

㈦意外及危機事件處理：例如食物的安全衛生問題，與會人士疾病受傷處理，示威、抗議、戰爭、疫情、氣候或天災影響會議舉行，主講人貴賓臨時不能參加會議等，這些都可能在會議時發生，如何做到事先的預防，擬定預備方案是危機管理的重要課題。

十、會後評鑑及結束工作

　　會議議程結束後應有評鑑（Postmeeting Evaluation）及結束（Close）之收尾工作，評鑑應以統計分析為基礎，選擇評鑑時間及方式。

　　會議結束後還有收尾的工作，固定工作人員還要繼續工作一段時間，才能解散。收尾的工作有：

㈠檢討會議：討論會議得失，優缺點的檢討，會議的目標達成度，會議的收獲等。

㈡帳目整理結束：審查及支付帳單、結清收支費用、結餘款運用、稅務問題申報等。

㈢資料整理歸檔：大會自開始籌備到會議結束的文書資料、照片、實務

等資料，都應整理做成檔案及電子檔妥為保管。

㈣ 網頁結束：會議網頁結束或整理。

㈤ 致謝：發函致謝講員、貴賓、政府相關單位及各團體機關、協辦及贊助機構、大會工作人員等。

参考資料

一、成功的會議十大要件

會議成功在於會前充分的準備

1. 擬定議程：事先發給每一與會者一份議程及每一議題討論時間

2. 會議時間：上午舉行重要會議，九十分鐘內達成會議結論隨即散會為原則

3. 會議目的：與會者事前了解會議的目的及其參加會議所扮演的角色

4. 會議形式：簡報、宣布訊息、問題解決、共同決策、情報交流、例行工作

5. 資料準備：會前提供書面資料給與會者，並請充分準備發言資料

6. 視聽器材：製作視聽會議資料、節省時間、增加了解

7. 會議發言：大多數與會者都能提出建議或看法，議題充分討論

8. 主席稱職：掌握會議目的，會議氣氛祥和，鼓勵參與發言，注意聆聽並尊重發言者之意見

9. 結論：會議結束前要做摘要，確認結論，認真執行

10. 會場準備：桌椅座次安排，茶水飲料點心地點及時間安排，視聽器材準備測試，空調溫度調整

二、2000年世界資訊科技大會

（2000 World Congress Informational Technology）

日期：2000年6月11日至14日

地點：台灣台北市、台北世界貿易中心

（一）籌備委員會

指導委員會：三個月開會一次，外交、海關、文建會等政府有關單位。

　財務委員會

　執行委員會：一個月開餐會一次，下設各種功能委員會，主要的有：

募款委員會

　演講委員會：資訊業界舉足輕重人物如微軟（比爾蓋茲）、惠普（凱利費莉娜）、台積電（張忠謀）、聯電（曹興誠）、宏碁（施振榮）等總裁都是大會邀請的演講者。

　集客委員會：提早報名者（Early Bird）打75折、送相機，達規定人數參加送機票。本次會議近一千八百位與會者，半數來自國外86個國家。

　廣宣委員會：中外近五百位媒體報導，提升我國形象與地位。

　活動委員會

　議程委員會：主題精、講員好。

　技術委員會

　籌委會執行長：負責演講＼議程、募款＼贊助、集客、註冊、技術、晚宴、大會活動、公關、接待、展覽、財務＼會計、總務、祕書等統籌工作。

（二）成功因素

1. 組織健全：大會籌備按功能分組、專業分工、專業委外方式組成籌備委員會。

2. 強勢宣傳：優惠方案、國際活動參與、與各會員國互動良好。

3. 重量級演講人：廣邀資訊界世界級重要人士為主講人（Key Speaker），如微軟Bill Gates、惠普科技總裁Carly Fiorina、紅帽子總裁Bob Young等。

4. 節目設計符合與會者期望：主題嚴謹、講員好、時間安排恰當、商機機會。

5. 國內外政府及民間各界支持：人力、物力、財力、宣傳（總費用新台幣兩億三千多萬元）。

（三）會議成果

1. 展現我國資訊工業實力。

2. 報名踴躍：參加人數近一千八百名，來自86個國家。

3. 活動多樣：表現科技應用實力、呈現文化特色，與會國外人士印象深刻。

4. 媒體報導：中外近五百位媒體爭相報導，提升我國國際形象。

5. 創造商機：創造200億美金商機。

三、新加坡主辦第16屆亞太祕書大會組織架構

16TH ASA CONGRESS ORGANISING COMMITTEE

Chairman	ASA Coordinator	Secretary	Treasurer
Banquet	Convention	Liaison/Logistics	
			Publication/PR
	Secretariat		
		Social Programmes	

Singapore Association of Personal & Executive Secretaries

圖3-4　新加坡主辦第16屆亞太祕書大會組織架構圖

四、泰國主辦第15屆亞太祕書大會組織架構

ASA Congress Organizing committee
ASA President
Correspondence　　　　　　Education

Treasurer
Entertainment
Accommodaton
Hospitality
Publication

Sponsorship
Secretariat
Trassportation
Public Relation

五、2001年第34屆世界盃棒球錦標賽 （XXXIV Baseball World Cup in 2001）

指導委員會 → 籌備委員會：

主任委員、副主任委員

祕書組、行政組、財務組、競賽組、裁判組、場地組、企劃組、典禮組、新聞組、膳宿交通組、醫務組、警衛組、志工服務組、資訊記錄組、藥檢組

大會組織（Organizing Committee）

大會指導長（General Director）

裁判委員（Jury of Appeal）

技術委員（Technical Director）

執行長（Executive Director）副執行長（Vice-Executive Director）

裁判組（Umpiring Division）

競賽組（Competition Division）

行政組（Administration Division）

企劃活動組（General Planning & Activity Division）

財務組（Financial Division）

接待組（Reception Division）

新聞組（News Division）

典禮組（Ceremony Division）

記錄組（Scoring Division）

播報組（Public Address Division）

場地組（Field Operations Division）

交通組（Transportation Division）

志工組（Volunteers Division）

醫務組（Medical Care Division）

警衛組（Security Division）

藥檢委員會（Doping Control Committee）

緊急事件處理委員會（Emergency Response Committee）

各部會協助項目

1. 參賽國簽證：外交部

2. 比賽用品免關稅：財政部

3. 駐華使節接待：外交部

4. 國內外宣傳：體委會、新聞局、交通部、相關地方政府。

5. 贊助廠商抵稅：財政部

6. 場地協調使用：體委會、相關地方政府。

7. 紀念郵票、電話卡：交通部

8. 飯店優待（圓山）：交通部

9. 機票補助：外交部

六、亞太蘭展 Asia Pacific Orchid Conference（APOCMC）

亞洲太平洋蘭花會議之規劃：

1. 每三年舉行一次，每次由會員國至少三年半前向理事會提出計畫書及有
   關資料申請，會期約一星期。

2. 主辦國之條件：

（1）財政狀況及行政能力：組織推動能力、財政運作、會議內容、聯誼會
　　　　　　　　　　　　或社交文化活動、關稅植物檢驗計畫。

（2）場地及旅遊條件：會議和展覽場所條件、旅館安排、旅遊設施。

（3）民眾參與度：產官學界熱心參與，民眾踴躍參觀展覽。

3. 會議模式：會議專題演講、論文發表、展覽、社交活動。

4. 主辦規劃項目：

（1）展覽：展覽區、展售區規劃、地點離會議演講場地不要太遠、展覽評審團工作

（2）會議規劃：遵循傳統安排議程，邀請著名演講人演講（學術科技及趣味特色兩方面），聯誼時間安排

（3）社交節目：晚宴：開幕酒會、閉幕晚宴、主辦國之○○之夜、頒獎

　　　　　　　　參觀：參觀展覽、苗圃、學術研究機構

　　　　　　　　旅遊：眷屬半日、一日旅遊，古蹟名勝，文化之旅，會後自費套裝旅遊行程

（4）交通運輸：機場交通接送，旅館、會場、展場之巡迴巴士，社交活動之交通運輸

（5）住宿安排：提供不同等級旅館選擇

（6）財務規劃：籌備委員會預算規劃，收入來源（報名費、參觀展覽門票、展售區租金、商業團體贊助、公眾捐款、政府機關贊助）

（7）宣傳行銷：忠實觀眾資料寄送，前一屆大會時的大力宣傳，一年半至兩年前發出大會詳細說明書，刊登專業刊物廣告，世界組織及各會員國協助

（8）接待：機場歡迎櫃台、會議及展場服務櫃台、報到櫃台、休息室

（9）報告書：會議演講完整內容，豐富圖片，活動記錄，展覽及社交節目內容

資料來源：APOCMC 網站。

七、國際會議規劃流程圖

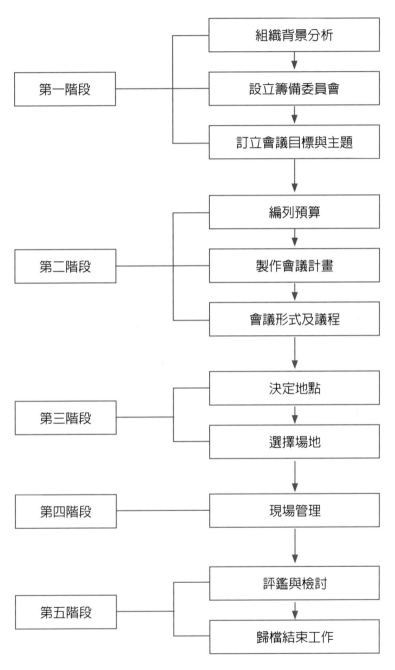

圖3-5　國際會議規劃流程圖

第四章　會議財務管理

會議確定舉行，會議的地點、日期、會期、形式等重要項目確定以後，就要開始擬定財務管理的方向，首先著手會議預算編列，掌握會議籌備期間預算的控制及調整，整合可獲得的資源、創造附加價值，都是會議財務管理的工作。

一、財務管理之步驟

　　會議的財務管理從擬定財務計畫、評估基金來源及支出的項目，編列會議的預算，會議的財務管理包含規劃會議的預算以及預算執行的控制，所以在會議籌備期中，執行各項收入和支出時亦需要檢視和調整預算，會議結束也要結清帳務，將所有的財務結案，並配合會計師向稅務機關做財務申報，才算完成了整個財務管理的工作。

　　財務管理步驟可分為以下三個階段：

㈠ 會議籌備階段：

1. 根據籌備委員會擬定的計畫，了解各項目內容，如會議的時間、地點、會議天數、出席者人數、會議舉行的模式、社交活動項目等，著手準備編製收支預算表。

2. 評估會議收入來源：會議主辦組織撥付的基金、出席者報名費收入、募款收入、贊助收入、其他廣告銷售等收入等，評估舉辦會議之實力。

3. 編列支出項目：場地及設備租金、行政管理及人事費用、餐飲支出、社交節目支出、公關宣傳費用、陸上交通費用、印刷及紀念品、貴賓招待、布置費用、各項專業顧問費用等。

㈡ 預算執行階段：

1. 制訂財務執行流程：按預算項目支出、請款及採購行政流程、帳務憑證規定等。

2. 檢視預算進度：報名費及募款收入情況、行政人事支出執行、檢視各項籌備工作預算進度、與協力廠商合約進度等。

3. 預算調整：以會議籌備期間分段檢視並調整預算，以符合實際的運作。

(三) 財務結算階段：

1. 結清帳目：會議結束結清所有報名退費事宜、完成相關之請款程序及付款、會議損益盈虧分配。

2. 財務結案：報名收費資料整理存檔備查、貴賓及講者補助款請領資料存檔備查、會議所有收入及支出憑證、合約等完整保留存檔。

3. 贊助單位報告：財務結案後，與整個會議結案報告向贊助單位報告，以資徵信。

4. 財務申報：配合會計師完成財務報告及稅務申報手續。

二、預算編列

會議預算根據會議目標設定會議，也根據預算選定場地、住宿及會議設施。會議籌畫期間隨時對預算保持執行的警覺性，如有不適當的預算規劃，要有商榷預算改變的可能性方案修正。預算預估的收入和支出盡量放低，以免活動超出預算影響執行，當然在編預算時可保留一個預備費用，預防編預算遺漏的項目或是某些超出預算的活動。預算之項目由主辦單位費用與自費參加會議，其預算內容編列比率會有很大的差異，茲舉例如下：

(一) 會議主辦單位負擔費用：

根據美國一千多家公司及協會的電腦資料，會議預算分配的百分比如圖4-1。會議預算資料中以會議主辦機構組織負擔所有費用為編列原則，因此旅遊（Travel）的費用占了很大的比例，如果組織不負擔出席者旅遊費用則可降低預算成本，其預算比率就有很大的差異。旅費的預算也影響目的地選擇，尤其旅遊費用是由組織負擔時，就要根據出席者自各地機場到目的機場之人數、機票價格等，算出預算費用，列入旅遊預算。會議的餐飲費用（Food & Bevrage）占了預算第二大比例，這些費用包含了會議提供的早、午、晚餐餐食，社交活動的晚宴、酒會、接待會等。會議場地

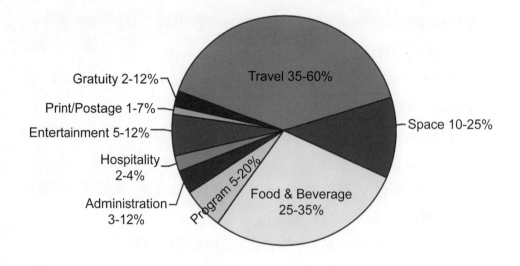

圖4-1　會議預算百分比圖

（Space）的住宿和會議場地占了第三的預算比例。預算會因會議的形式不同，與會人員的負擔費用多少而有幅度的不同。

國際會議的預算會編列小費或賞金（Gratuity）的費用，給付會議旅館或會議場地的工作人員，如基層服務的服務生及管理階層領班經理人員等。小費可以由大會與業者談妥在每一項活動後都給付小費，也可以在會議結束後一起給付，一般會議較常採用一次給付的方式，對會議主辦者及與會者都減少許多困擾。

(二) 參加會議者自費：

與會者自付報名費及旅費，或是部分餐費自理，因而使主辦機構的預算編列有將近40%的費用不必籌措，而僅編列其他的費用支出。根據台北集思國際會議顧問公司以四天之三個不同類型之國際會議的統計資料例，說明如下：

1. 證券型會議：編列預算最多的是受邀貴賓的費用約占23%，其次為餐飲支出14%，場地租金、會議印刷品各為10%，其他視聽設備租用、會場布置、紀念品等都為5%以下。

2. 醫學類會議：預算最多的也是受邀貴賓的費用為18%，場地租金11%，餐飲支出、印刷品各為10%，會場布置6%，視聽設備租金、紀念品支出皆各為4%。

3. 聯誼類會議：以聯誼為目的的會議，預算以餐飲支出占21%為最多，而受邀貴賓僅為8%，比前兩類會議少了很多，這是因為會議以聯誼活動為主，不需要鉅額費用邀請專業或有名的演講貴賓蒞會演講之故，其他的預算為場地租金10%，會場布置7%，視聽設備、印刷品、紀念品都各在6%以下。

(三) 綜合型方式：

　　參加會議者某些費用由主辦單位負擔，某些費用由出席者自付。特別是許多學術會議的參加者，機票旅費自付，主持費、評論費、發表費由大會支付。

三、實地調查預算所需資料

　　會議預算編列時最好有以前會議的財務參考資料，可以了解作業流程、固定及變動成本、收入及費用說明、帳目流程等。過去的財務經驗可以判斷哪些資料可以通用，哪些修改即可適用。編列預算需實地蒐集資料如下：

(一) 旅館方面（餐飲及空間）：

　　應直接自目的地旅館或是自專業刊物獲得詳細資料，也可將以前開會所用的資料來參考，例如房間數、房價、餐飲、會議場地、殘障設施、休閒設施、容量……等。旅館最重要的是客房的價位，通常在協商時會有一定的議價空間。

(二) 印刷成本、郵資：

1. 紙張成本。

2. 委外專業設計印製費用。

3. 自己排版、設計、印製費用，這種方式可省紙張及設計費成本。

4. 雖然網路上的資料可以無遠弗屆，但是郵寄成本仍是不可避免的成本。

㈢ 節目製作成本，視聽設備成本：

　　演講人之費用，網站上各專業協會可提供演講人資料。視聽設備可租用或自備以節省成本。

㈣ 娛樂休閒：

　　會議會安排宴會、表演、音樂會、舞會、Game等，所邀請的人不一樣，所需要的形式也就不一樣；要注意節目的水準及責任，要找有信譽的代理人。亦可自己設法找資源運用，以降低成本，但是品質也不能太差。

㈤ 款待成本：

　　飲料大、小，瓶裝或散裝，開瓶費之計算，茶點、開胃菜之有無；有些要以數量來選購會較經濟。

㈥ 行政管理成本：

　　人事、文具、運送費用、會計師、律師、顧問費用、交通費用等。

　　經驗的累積可以讓計畫更周詳，減少現場的失誤。行政管理雖然管理的種類繁多，但是大體上都是一樣的本質及內容。過去的資料是預算編列很好的參考範本。

四、預算內容

　　會議之預算可分為收入來源及支出費用，支出費用又可因出席人數之多寡而有所變動，所以費用項下又可分為固定費用及變動費用。不過有些支出因為支出的期間不同，而在固定費用及變動費用中都會同時列入。預算編製內容項目如下：

㈠ 固定費用（Fixed Expenses）：此項費用不論出席人的多少都要支出的。

1. 籌備委員會費用：籌備委員會議費用、各小組委員會費用、員工差旅、網頁設計費用等。

2. 行政管理費用：人事費、辦公室設備、行政管理文書、郵電費、印刷、推廣費、廣告行銷、水電費、服務公司的費用等。

3. 會議場地及視聽器材費：場地租金、布置費用、視聽設備費用等。

4. 講師貴賓：演講者酬勞、旅費、住宿費，貴賓旅費、食住接待費用。

5. 社交活動：晚會節目規劃不會因人數而大幅調整，但是旅遊或眷屬活動會因人數多少而變動。

6. 會議規劃及專業顧問公司費用：會議規劃人的費用，與這些專業人士或公司簽約時就以該案件為付費基準，即為固定費用。如果還附帶以報名人數增加而加收費用，則增加費用可記入變動費用。

7. 行銷費用、翻譯、賞金、安全、雜項等。

㈡ 變動費用（Variable Expenses）：變動費用是會議最大的支出，隨參加人數的多少而有所增加或減少。

1. 餐飲費：早、午、晚餐，社交宴會、酒會、招待會等。

2. 交通費：大小巴士、貴賓用車、接駁交通工具等。

3. 社交活動：開幕酒會、晚宴、閉幕晚宴、午餐、咖啡、點心、大會招待旅遊費用等。

4. 節目費、展示費用：議程及活動、展覽費用。

5. 客房費：大會、與會者、貴賓、工作人員住房費用。

6. 註冊材料、印刷費：籌備間之各項印刷支出應屬固定費用，報名人數大致確定後之印刷及註冊材料費，應列為變動費用。

7. 人員費用、名牌、資料袋、評鑑費等。

8. 雜費：獎賞費（小費）、禮品、紀念品、獎座及獎品等。

㈢ 收入來源（Income）：收入來源視主辦單位的開創力而有不同。預算編列之財務以收支平衡為基本目標，如果經營得宜可設定一定之百分比為結餘目標。會議收入來源有下列各項：

1. 會議組織撥付之基金：會議主辦單位籌辦國際會議時，會投入一定比率基金，在籌備委員會成立還未有其他收入時，因應各項工作開支。

2. 報名費：是會議收入最主要來源，參加的人數多則可使會議經費運用寬裕。許多國際報名費會因會員、非會員、眷屬、學生等身分不同而繳不同的報名費，通常會參考歷屆收費情況訂定收費標準。國際外交官方會議為邀請性質，參加費用由各國政府自行負擔，大會原則都不收費。有些主辦機構會議是以宣導或廣告為目的，也是不收費的。除了某些一定要參加會議的人士者外，如何吸引潛在的參與者是會議促銷及推廣的重點。

3. 政府補助及企業贊助：國際會議可以提升國際形象、打響城市知名度、增加觀光產業收入、促進經濟繁榮，所以政府皆會撥款大力支持協助。許多民間組織或企業也因參與會議或是藉此會議作國際宣傳而提供捐款、人力或實物的贊助。有些企業也利用其本身的資源贊助某些會議的特別活動。

4. 展覽收入：國際會議常附帶舉辦展覽會提供廠商做相關產品展示，一方面藉以收取參展廠商參展費及場地攤位租用費，也給與會者一個了解產品最新資訊的管道。

5. 募款開發：向各級政府機構、社團、企業等募集資金，也可於會議籌備期間舉辦活動募集資金。國際會議募款是大會經費重要來源之一，因此要有專人負責募款組的工作，擬定募款計畫，訂定獎勵辦法，贊助金催收及贊助活動的確認。邀請有影響力的高階主管或有力人士參與會議籌備或演講，對與募款都有很大的幫助。

   對於贊助者要保持聯繫，將會議的有關信件或宣傳文件發送給贊助者，邀請參加會議前的各項活動，提供贊助單位的廣告標誌出現會議文宣品上，邀請參加會議期間開幕、閉幕典禮活動。

6. 社交活動售票：會議期間之開幕酒會、晚宴、閉幕晚宴、各種旅遊運

動活動等皆可收取適當費用增加大會收入。

7. 其他收入：會議的其他收入有廣告收入，報名費及基金利息，販售紀念品、CD視聽影帶、教育資料收入等。

表4-1　2002年UIA國際會議參加人數比率

Delegate Attance	
100人以下	34％
101－250人	25％
251－500人	19％
501－1000人	11％
1001－2500人	7％
2501以上人	4％

五、總成本超出預算之調整方式

國際會議除了會議本身收支要平衡之外，還要有盈餘，才合國際會議經營與管理的原則。當總成本超出預算時，由預算各項成本中變動調整，逐項研討可行刪減之方法，下列數點提供參考：

㈠ 刪減旅遊成本：旅遊預算變動性較大，刪減空間也較大，變更目的地可以減少旅遊成本，此外選擇不同之交通工具也是一種減少成本的方法。

㈡ 增加收入來源：政府的補助、找贊助廠商贊助或是由展示商付費展覽。

㈢ 改變場地：找較便宜會議地點，旅館的等級不同價格差異大，會議場地亦同。

㈣ 調整議程：縮短會議天數，例如原來規劃四天的會議議程縮短為三天。

㈤ 餐飲調整：

1. 調整菜單：例如將高價位的魚換成較便宜的魚，原為七菜一湯的桌餐改為六菜一湯，西餐的主菜由兩項減少為一項，餐後點心之水果和甜

點兩樣減少為只有水果或只有甜點一樣。

2. 飯店贊助：許多飯店為了歡迎各地來參加會議的菁英人士，會贊助會議餐費，藉此做促銷的公關工作，因為現在的與會人士有可能會變成以後飯店的回流客人。

3. 外用：通常在住的飯店用餐會比在外面的餐廳用餐消費較高，會議期間可適當安排在飯店以外餐廳用餐。

4. 尋求贊助：徵詢政府機關、有關團體、工商業、企業等贊助餐會。

㈥ 改變娛樂節目：

1. 改變節目型態：外聘表演方式改為與會者自行準備節目演出。

2. 改變演出人：以較低價碼的演出者取代高價碼演出者，或是請大專院校專門科系師生演出。

3. 收費：某些娛樂項目、參觀或體育活動收費參加。

㈦ 額外收費：

晚餐的飲料會有一杯免費，如果要再叫的話要自行付費。

高爾夫球的入場門票免費，但是買球或桿弟的費用要自行付費。

旅遊收費。

六、國際會議合約

國際會議需與各個委外協力廠商簽訂合作契約，選擇廠商時應了解廠商過去的經驗與做過的會議紀錄，諮詢過去客戶之評價以為參考。會議合約要有具體工作項目、交付時程、數量、驗收條款等。訂定合約時之主要主持人或聯絡人或是工作團隊不得任意更換，以免中途換將，不但工作進度受影響，聯繫溝通也可能發生障礙。簽訂合約最好有律師或法律顧問諮詢，保障自身權益。

㈠ 合約基本內容：

1. 合約名稱

2. 立合約人

3. 會議日期、地點

4. 預定人數

5. 預定議程

6. 付款程序與方式

7. 訂約保證金及取消規定

8. 合約管轄法院

9. 合約份數及附件

(二) 合約種類：

 1. 會議及展覽場地合約：會議及展覽場地範圍

          場地租金

          場地設備提供及費用

          場地管理與服務

          進場及撤場規定

          額外場地及設施之使用

          責任歸屬

          價格異動

 2. 住宿飯店合約：房間數及型式

        優惠房價條款

        訂房數最後截止日期

        訂房起迄日期

        稅金及賞金規定

 3. 委辦單位合約：委辦機構：會議顧問公司

          公共關係顧問公司

          旅行社

          交通公司

保全公司

合約內容：責任範圍

收取費用及收費方式

付款方式

取消條款

4. 贊助單位合約：贊助活動名稱、日期、地點

贊助單位名稱

贊助金額或服務項目

議程及與會人士

贊助條件及宣傳、文宣、印刷品表現方式

5. 款待優惠之提供：優惠條款之內容

6. 參展業者合約：與參加展覽廠商分別訂立合約

七、會議風險管理

(一) 會議風險管理的意義：

　　會議的成功是由會議主辦單位工作人員經過多時的籌備與會議參與者的熱誠出席，才能促成一個成功的會議。如果會議籌備中任何一個環節發生失誤或是會議舉行時臨時發生意外，都會影響會議的成效導致會議的失敗。所以如何預防會議意外發生以及發生時如何減少損失就是會議風險管理的意義。

　　會議的意外或其他的危機管理最重要的觀念就是預防勝於治療，所以在會議籌備管理過程中要有潛在風險的評估，發現問題解決問題，加強工作人員管理和訓練，準備可能替代方案，避免意外或危機發生。

(二) 會議的風險：

1. 財物損失：自然及人為災害，如風災、水災、地震或是人為的火災、竊盜、暴亂等，都會造成主辦單位的設備或其他財物損失。

2. 人身傷害：

　　⑴ 工作人員：意外事故、醫療支出、食物中毒

　　⑵ 會議出席者：意外事故、醫療費用、食物中毒

3. 大會損失：會議延期、取消會議、中途停止、更換地點、主講人臨時缺席等。

㈢ 風險預防：

1. 會議場所安全防護：注意會議場所之消防設施是否完備，逃生路線通暢，會議場所的工作人員平時危機事件的演練，公共安全的維護和管理要求。

2. 工作人員訓練及管理：大會工作人員風險管理的觀念建立，落實危機教育和訓練，預防及避免意外及傷害發生。

3. 大會危機管理：制訂危機管理計畫，設置危機小組機制，規劃大會場地、主講人、貴賓第二替代方案，

4. 會議保險規劃：員工保險、財產保險、公共意外責任保險、會議出席人保險、節目保險等。

參考資料

會議預算表內容（THE BUDGET）

Ⅰ. Income

1. Registration Fees

2. Advertising

3. Company Funding

4. Sponsor Funding

5. Exhibitors

6. Co-op Advertising

7. Miscellaneous Sponsorships

8. Grants

9. Publication/Tape Sales

10. Other Income

Ⅱ. Fixed Expenses

1. Personnel：Meeting planner fee/salary

　　　　　　　Meeting planner expense

　　　　　　　Planning committee expense

　　　　　　　Permanent staff salaries

　　　　　　　Temporary staff salaries

　　　　　　　Payroll taxes

　　　　　　　Benefits

　　　　　　　Staff expense

2. Advertising and Promotion：Advertising

　　　　　　　　　　　　　　Brochures/Flyers

　　　　　　　　　　　　　　Postage

3. General and Administration：Letterhead

　　　　　　　　　　　　　　Telephone

　　　　　　　　　　　　　　Supplies

　　　　　　　　　　　　　　Pre-registration Materials

　　　　　　　　　　　　　　Postage/Shipping

4. Other Fixed Expenses：Insurance

　　　　　　　　　　　　Legal and Accounting

　　　　　　　　　　　　Deposits

　　　　　　　　　　　　Speaker fees

　　　　　　　　　　　　Travel Expenses

Ⅲ. Variable Expenses

1. Audio/Visual Equipment renter or Purchase

2. Special Programs－Guests and Family

3. Contract Services

4. Entertainment

5. Evaluation

6. Exhibition Expenses

7. Equipment, Miscellaneous

8. Field Trips

9. Follow-up

10. Gratuities

11. Hospitality Suite

12. Interpreters; Translators

13. Support Personnel

14. Participant Book

Presenter Expenses

1. Lodging

2. Travel

3. fees

4. Expenses

Printing/Copying

1. Signs

2. Badges/Identification

3. Participant Packets

4. Duplicating Costs

5. Miscellaneous Printing

Prizes

Secretarial Service

Security

Shipping/Receiving

Sightseeing Tours

Site Expenses

1. Sleeping room

2. Meeting Room

3. Food Functions

4. Beverage Functions

5. Exhibition Space

6. Other Functions/Services

Souvenirs

Profit/Loss Summary

Gross Income

Total Expense

    Total fixed Expense

    Total Variable Expense

Less Miscellaneous

Net Income

資料來源：The Complete Guide for the Meeting Planner。

第五章　會議議程與活動規劃

議程是整個會議活動的內容，除了社交節目之外，會議節目的設計應以完成會議之目的爲基準。會議可能是以啓發知識，提供資訊或是聯誼爲目標。議程就應根據活動項目安排恰當時間，選擇適當場地，使與會者在身心都能配合之情況下完成會議之議程。

　　會議的議程通常由主辦單位決定，但是會議規劃人必須參與會議以了解會議議程內容、預算分配的比率，教育與訓練、嚴肅議題與輕鬆娛樂活動的搭配，如何吸引出席者及出席者家屬的參與。

一、議程項目

㈠學術性會議議程：學術性議程安排首重議題，專業內容豐富、主講人學術或專業地位崇高、主題難易度適中、視聽設備配合良好，就可吸引相關人士參加會議。

　1. 論文發表：有些學術性會議會安排論文發表機會，一種是口頭發表（Oral Presentation; Oral Report; Free Paper），一種爲海報發表（Poster; Post presentation; Post Session）。這種方式會在同一時段安排數個場地由不同的論文作者同時發表。時間安排緊湊，與會者可以自由選擇有興趣的場次參加。

　2. 專題演講：另一種方式是安排專家學者專題演講，並留有問答時間（Q and A）與聽衆互動。也有同一時段在主題下安排數個不同次主題（Sub-topics）的演講，與會者在報名時即可選擇參加場次，會議時方不致因某場人數過多而不能進入會場。

㈡展覽活動規劃：許多會議會安排相關展覽活動，提供有關業者展示其產品，使其能與參加會議者有一個交流機會。對與會者也可接觸最新之產品。大會也可藉此收取廠商參展費募集基金。不過會議議程安排是否使與會者有時間參觀，或是會議的主講人陣容及參加會議的人數不多都會影響參展者的意願。

㈢社交活動規劃：

1. 社交節目及活動（Social Program & Event）：開、閉幕晚宴，眷屬節目，藝文活動，體育活動或競賽，旅遊安排，參觀訪問。

⑴晚宴：

　主題：會議主辦國以其本國文化特色為主題、安排有藝術、音樂、民俗表演，或是配合節慶安排熱鬧有趣的節目。

　形式：Reception、Cocktail Party、Banquet、Farewell Party等。

　原則：餐飲（Eating）、節目（Program）、聯誼（Networking）三項平均分配。

　節目設計：選擇晚宴主題，如民俗技藝、舞蹈、中西樂團、戲劇、演唱、主題秀等。

　費用：全程註冊者免費，其他付費或免費或由贊助單位招待。

　餐飲規劃：邀請函及節目單設計、餐宴方式、菜單設計、主題餐設計、服務生人數等規劃。

　場地規劃：場地確認、場地布置及設備、席次安排。

⑵旅遊：

　委外辦理：委託專業旅行社規劃辦理，大會可提供參考資訊及建議。

　節目經紀及旅遊規劃：地點選擇，行程設計，價格費用，車輛安排，導遊品質，最少人數規定，最後確定期限，取消之規定。

　形式：會前及會後自費旅遊，大會免費招待旅遊。

　景點：選擇數個旅遊景點，以安全交通便利為原則，有意者在大會報名表中自由報名參加。

　參加人數：基本及最多參加人數規定。

　費用：免費行程或自費行程，或由大會補助部分費用。

⑶活動安排：

圖5-1　民族舞蹈表演

藝文活動：音樂會、戲曲、歌劇、芭蕾欣賞，或是民俗、工藝參觀觀
　　　　摩實作等，需要購票的重要表演，要注意入場票券的預
　　　　定，或是大會提供資訊，有意者自行訂購。

體育活動或競賽：大會可安排高爾夫、網球等活動或比賽，有意參
　　　　　　　加者可在大會報名表中勾選，以便大會及早安排
　　　　　　　場地交通有關事宜。
⑷ 參觀訪問安排：許多的專業會議都會安排參觀與該會議有關的專業
　機構、產業或地區。事先要與參觀對象聯繫，以便受訪單位及早安
　排有關接待事宜。

圖5-2　參觀訪問

2. 預算與收費：各項節目成本在編預算時就有規劃，節目成本內容有演
　出人費用、活動場地及設備費用、行政文書支出等，旅遊成本則有交
　通費用、餐飲、入場券、導遊、小費、稅金等，收入來源則有報名
　費、企業贊助、售票收入等。
3. 交通安排：社交節目除了在會議場地舉行的節目外，其他活動都需要
　交通運輸工具配合，因此車輛的調派、交通的疏導、陪同人力支援，

都要事先有所規劃並與有關單位協商。

4. 服裝建議：不論參加哪一類社交活動都應在活動資訊中提供服裝建議，以免屆時造成參加活動者不便、失禮、尷尬的場面，而且也顯示大會顧慮不周的缺失。

參考資料

上班服與禮服

1. 男士上班服裝：

(1) 西裝（Black Suit）：以深色為主，是屬於很正式的上班服（Formal），深灰、深藍、棕色都是適當的選擇。西裝有雙排釦和單排釦，坐下時西裝釦是可打開的，但站立時，單排者則扣上面一或兩個釦子即可，不要全扣上顯得呆板，但是雙排釦則應全扣上，否則前緣會拖長影響整齊美觀。口袋蓋應放出來，也不要在口袋裡放東西，影響衣服外觀。

(2) 半正式西裝（Semiformal）：有時在平常上班場合，西裝上衣和褲子可不同顏色穿著，稱為上班便服（Lounge suit）。有時也可以穿上西裝不打領帶，襯衫的第一個扣子打開，這種穿法較輕鬆舒但是不是隨便，可稱為Business Casual。

(3) 配件：

領帶：領帶是男士服飾中較多變化的配件，也能展現搭配風格品味，是男士在服裝投資不可省的一環。領帶打好的長度應到褲腰帶，打得太長或太短都不適合。

襪子：應搭配深色襪子，長度應穿至小腿一半，襪頭不能鬆垮，原則是坐下時不要露出小腿。

鞋子：與整套西服搭配穿著深色皮鞋，鞋子應擦乾淨。

2. 男士禮服：

	常禮服（早禮服）Ｍｏｒｎｉｎｇ ｃｏａｔ Cutaway	小晚禮服 Tuxedo，Black Tie Smoking，Dinner Jacket，Dinner Suit，Dinner Coat	大禮服（燕尾服）Full Dress，Frock Coat，White Tie Swallow Tail Tail coat
穿著時機	白天早晨到下午六時前穿著，如重要慶典活動、教堂儀式、葬禮護柩者、婚禮儐相等穿著	下午四時以後晚間時穿著之禮服，如晚宴、晚會、音樂演奏會、歌劇、戲曲、話劇及各種盛大表演時穿著，特別是首演場	晚間正式晚宴、舞會、官方宴會，晚間婚禮，白天國家大典、國宴、呈遞國書正式隆重場合時穿著
上裝	下襬圓尾形黑色或灰色齊膝上裝，胸前一鈕扣，翻領扣後漸次向兩邊斜尖成尾狀，此外有灰色早禮服，今用在上午婚禮或遊園會時穿著	全白色、全黑色並鑲有緞領西裝，單排扣，腰間有一鈕扣的無尾上衣	黑色、深藍色，上裝前襬齊腰剪平，後面剪成燕尾狀，翻領上有緞面
褲子	深灰色底黑條紋褲，褲管不捲邊灰禮服配大禮服褲	配有黑緞帶或絲腰帶之黑褲	與Tuxedo相同，褲子左右兩旁配黑緞帶之黑色或深藍色褲，褲管不捲邊
背心	黑色或灰色背心，夏季淡色或灰色，冬季黑色，雙排扣	不穿背心，夾克式小晚禮服通常用寬圍腰帶可遮掩長褲的皮帶	背心用白色或帶圖案花樣黑色絲織品做成
襯衫	白襯衫，領與大禮服同不用硬胸式衫，可用普通白襯衫，胸前和袖子要漿硬；領子可取下來的雙翼領或漿硬的領	白禮服襯衣或普通白襯衫	正式場合可穿有褶紋的襯胸使襯衫好看，白天穿硬領的白襯衫

領帶	銀灰領帶。參加婚禮用灰、銀灰、黑色絲質素面的，有圖案或條紋大領帶，參加喪禮用黑絲質領帶	黑色領結，不可用領帶	白色領結（晚禮服，即指著大禮服）
鞋	黑漆皮鞋或黑色小牛皮鞋	黑漆皮鞋	黑漆皮鞋
襪	黑色襪子或深灰襪子	黑襪子	黑襪子
帽	大禮帽、絲質帽、黑漢堡帽（窄邊而帽中四進）	圓頂帽或灰氈帽，現多用捲邊帽	黑絲高帽。冬戴黑色漢堡帽或灰色軟邊呢帽；夏戴巴拿馬草帽；如天氣許可可不戴帽
手套	灰色或白色羊皮手套或其他質料手套	不著手套	白色或灰色手套
外套	黑色、深灰色、深藍色，單排扣短外套，婚喪白天不著常禮服改著短外套	黑、深藍色外套	黑、深藍色、深灰色外套，有無天鵝絨領均可，尖的翻領

3. 女士上班服：

(1) 套裝、洋裝、旗袍：上班服可選擇端莊樸素大方的套裝，可以上裝和裙子同色，也可以上裝和裙子不同色，搭配合適美觀即可。女士上班服最好不露肩、不無袖，穿洋裝最好準備一件外套，外出或與人談事情時可顯得正式一些。現在對於質料合適、剪裁得體的長褲套裝也可在上班穿著。中式旗袍也是很正式的上班服，不過因為個人身材因素或是行動的限制，不是普遍為女士上班族所接受。牛仔褲除非週末還是不適合上班穿著。此外裙子不宜太短，以膝蓋上下兩英吋為原則，長裙要不妨礙工作的情況穿著，過於緊身的衣服也要少穿。

(2) 鞋襪：樸實的皮鞋，不要穿休閒鞋配正式上班服裝，涼鞋在熱帶地方可以穿著，拖鞋絕不應該穿到辦公室。不過在正式場合應該穿前面不鏤空的船形有跟包頭皮鞋。

女士的襪子顏色式樣應與服裝及場合配合，過於突顯及花俏之襪子是不適合平常上班時候穿著的。

(3) 配件：其他女士服裝的配件如皮包、皮帶、飾品等搭配得體，才能發揮服裝的功效，不當的配件使人看起來庸俗不堪，破壞了服裝整體美感。不論皮包、腰帶、髮飾、耳環、胸花、項鍊、戒指、手環等之佩帶，都要配合時間、地點、場合，除了酒會、宴會大型場合外，一般的原則，身上所有的配件最好不超過七件。合適的服裝儀容是絕對爲自己的形象加分的。

4. 女士禮服（Dinner Dress，Dinner Gown，Evening Gown，Full Dress）：

女士在盛大活動應著小禮服，禮服有長到腳背有短到膝蓋上的裙裝，小禮服質料應選絲質、緞質、雪紡紗、蕾絲、絲絨……等質料柔軟的布料來製作。白天和晚上所著禮服其華麗和配飾應有區別。

晚間化妝可比白天濃厚，可選用有點亮度的化妝品，配件可豪華，皮包與皮鞋可選用金色或銀色。

鞋子應著有跟之高跟鞋，除非要與服裝配合，否則應穿前面不露腳指的高跟鞋。

不要用毛衣當晚禮服外套，可用披肩或質料好的短外套做外衣。

我國女士可著代表中國傳統的旗袍，在隆重盛大場合可著長旗袍。長旗袍宜長及足踝，袖長及肘，兩邊開叉不宜過高，衣料以綢緞、織錦或繡花者爲出色，綴亮片亦能吸引人。長旗袍的穿著可配短外套或披肩，晚近改良式的長旗袍亦漸流行，因捨棄高領，衣服也較寬鬆，較爲舒適，同時不失美感。中國仕女在參加國際性場合最好穿著旗袍，表現中式禮服的特色。

圖5-3　穿著傳統禮服的各國會議代表

5. 休閒服（Casual）：由於休閒風穿著的盛行，除了一般統稱爲休閒服外，又因爲有些可在上班時穿著，因此又細分爲：

Business Casual：上班休閒服，不像傳統上班服的西裝或套裝方式，可以用毛衣外套西褲搭配上班時穿著。

Classical Casual：品味休閒服，通常指有品牌之休閒服，穿在身上有著特有品牌服裝的品味。

資料來源：摘錄自徐筑琴著《國際禮儀實務》。

二、影響議程安排因素

安排議程應考慮下列因素：

㈠配合團體的需求：主辦團體成員對於當前某些問題需要解決，或是資訊及技術的提升，決策的方式，期望藉助會議能有所啓發。

㈡對與會者眞正有益的需求：冗長的演講、缺乏實用的內容，不僅提不起出席者學習的興趣，也減少交流的機會。

㈢ 提供綜合性經驗：會議參加者大都在行業知識及技術有某些經驗所以應提供一個新而好的理念及經驗給會議的參與者。

㈣ 根據會員以前的經驗：參考過去之會議資料、評鑑報告訂定議程。

㈤ 會議時間之長短：會議的天數、會議是否從星期日開始到星期四或五結束，盡量配合與會者減少對其工作之影響。時間議程應具有最大學習與最低時間耗費的安排。

㈥ 統合多個團體的建議：徵詢各有關團體或會員國協會之意見以為參考。

㈦ 身體及心理較有警覺性時段：訂出最有效的心理時間、體能長度的會期，上午9：30～12：00，下午2：00～5：00是身心較佳時段。身體的忍耐與注意幅度的時限，一般不超過1小時50分至2小時。所以安排議程時，要配合議題之難易度安排時段。

三、議程架構

㈠ 列出目標項目：會議的目的可能是知識的傳播、資訊的獲得，與會者也可能是藉著會議的機會互相接觸交流、拓展商機，或是產業之間相互了解，推廣國際交流。因此會議應根據會議目的列出目標項目，期望會議的成果能使目標完成。

㈡ 採用會議之方式：決定達到會議目的最佳表現形式，將會議的各種模式混和安排，多所變化，一般會議方式或是小組會議方式等模式舉行。會議舉行的模式可以Keynote Speeches、Plenary Sessions、Symposium、Workshops、Concurrent Sessions、Free Paper、Paper Presentations、Poster Sessions 等方式安排議程。

㈢ 決定最佳會議日期和時間：根據UIA（Union of International Association）2002年的統計資料，國際會議的會期（Duration）以二至三天42%最多，四至五天的41%占其次，六天以上10%，一天的最少只有5%。會議期間二至三天最多，其原因一方面是世界空運交通相較過

圖5-4　會議的全體會議

圖5-5　國際會議會前之理事會

去快速方便，出席者不必花大量的時間才能抵達會議地點，另一原因也是因爲現在的工商社會工作繁忙，不希望因會議耽擱太多工作。此外由於各行業分工的精細，專業化的小型國際會議有明顯增加的趨勢。

會議時間以九月及十月最多，五月及六月其次。這可能是因爲學術界剛好學校放假期間較容易安排參加會議，而且有些會議地點冬季氣候不佳，五、六、八及九月氣候較適宜舉行會議。

(四) 決定需要的資源：

1. 演講人：堅強的講師陣容是有效吸引參加會議者重要因素，因此應根據議題與時段邀請適當講演人，可非正式口頭約定受邀演講人先將時間保留，而後再發正式之邀請函，信函內附上大會提供酬勞及補助項目，並附上大會會議資料，使受邀者能夠了解大會時間、主題、目的、議程及參加會議成員等資訊，約定回覆時間，以便大會確認演講者接受邀請。著名的演講人可以吸引出席者踴躍參加會議，籌備會對同一議題可能擬訂數位優先順序的演講人，以免第一順位者無法出席時可以多些選擇。大會要派專人與演講人聯絡，中途換手訊息傳遞不全，造成溝通不良，影響會議議程安排。

2. 訓練講師：大會籌備期間需要專業訓練人員，訓練長期或臨時工作人員加入會議工作。專業會議顧問公司也可以提供專業訓練講師爲會議訓練工作人員。

3. 分組領導人：國際會議時不論哪一種會議的模式，都需要多位分組主持人、評論人等主導會議進行，這些人士也如邀請演講人的方式及早邀請合適人選擔任。

(五) 保留休閒聯誼（Networking）時間：許多參加會議的人士不盡是吸收新知、交換資訊，很重要的是聯絡感情、開創商機，所以大會議成一定保留一些聯誼或自由時間，提供一些場合給予會者聯誼之用。

四、議程準備建議

議程是會議的靈魂，是與會者最先考慮參加會議的因素，所以應多方商議決定最符合與會者期望之議程。

(一) 問卷調查：問卷或訪問可能出席者的想法和意見。

(二) 提供不同的會議方式：每天會期有不同模式，避免同類議題安排於同一時間進行，較受歡迎的議題盡量不要安排於同一時段，以免許多與會者產生難以取捨的困擾。有內容的演講、提供解決問題的方法是較受歡迎的主題。

(三) 時間安排：議程時間的長短要考量整天議程的長度，每場議題時間的長度。選擇身心較有警覺性時段，安排會議困難部分或較艱深之演講，經驗傳達或困難演講，最好安排在開始時段，每一會議時間控制在90分鐘至2小時之內。

(四) 提供演講人溝通建議：如演講範圍、傳授問題解決方法、與會者的背景等。

(五) 盡量提供實用及多方面之交流：除了專業學術會議外，一般參加會議者希望得到真正用得到的知識。

(六) 評估每場預期人數：依據會議預估人數配置會議房間，並且考慮設備及技術的需要，安排適用的會議廳。

(七) 彈性規劃：國際會議與會者來自不同的地區，有者不同的風俗文化、生活習慣，因此議程及活動安排要有彈性及相容性，使不同的與會者都能容易配合大會的安排參與會議或活動。

五、擬定會議議程發展的形式

(一) 決定到達及離開的時間：定出與會者抵達和離開的時間表，抵達時接待熱誠。離開時間要使與會者有整理行李、辦退房手續時間，並安排適當的交通工具接送。

㈡ 保留一些抵達後的自由時間：要給與會者到達時有時間休息、更衣、調時差，通常會議前一天即可開放與會者報到。許多國際會議在正式會議開幕前一晚舉行歡迎晚宴，第二天上午正式舉行會議。

㈢ 提供一個非正式的第一場活動：提早來或較早來報到的與會者或家屬，安排參加一個非正式活動，如參觀公園、博物館、美術館等。

㈣ 完美的註冊報到手續：報到工作流程順暢，快速、準確、高效率，給予參加會議者良好印象。

㈤ 早、午餐時間的安排：本地的與會者通常大都不會前來用早餐，早餐內容要考慮各國與會者飲食習慣，現在會議大都採用自助餐方式，食物選擇性較多，較不會產生困擾。

午餐的安排時間至少要90分鐘，考慮場地可否容下所有的參加者，且吃飯的地方通常會跟開會的場地不同，最好要讓與會者有時間可以休息，恢復體力繼續下午的會議。

㈥ 上午茶點的安排：會議進行期間需要安排適當的休息時間，醫學報告指出人們專注某些事項50分鐘應休息10鐘，若是90分鐘應休息20至30分鐘。國際會議時一般安排上下、午休息時間各一次，主辦單位準備飲料、茶點供與會人士使用，與會者也可以利用這休息時間去化妝室、抽煙、打電話、聯絡事情，與會者之間也可以彼此交談聯絡感情，或是與演講者溝通交流，增加互動機會。

茶點安排時的休息空間要與人數配合，地點要離會場不太遠，還要有便利的疏散動線，不要影響下一場的議程。

㈦ 注意洗手間的使用及流通：通常女士以5分鐘男士以3分鐘計算，在考慮會議場地時就要注意這項設施。

㈧ 移動時間：大型會議除了全體會議外，會安排同一時段在不同場地舉行不同主題的研討會或演講，議程時間的安排要保留與會者在兩次會議（Concurrent Sessions）換會議場地所需要之移動時間，不同樓層時

間更要寬裕些。一般計算方式100人內約需10至15分鐘、100至500人約15分鐘、500人至1,000人約20至30分鐘，安排議程時可作參考。

難度高的問題討論之後，可以安排一休息時間或自由活動時間或小組討論的時間，或是做一個非正式的討論議題內容及問題，再次進入正式會場開會時，可以使議題容易溝通、取得共識、減少摩擦，達到會議的目的。

為了與會者容易辨別參加的會議組別，會議分組的方式在與會者報到時即可拿到以顏色分組的資料袋、名牌，團體參加者每人會有不同顏色，避免同一國與會者集中於同一組的情況。

(九)黃昏節目、運動休閒活動：第一天議程不要安排耗體力之活動，以免太累影響第二天議程。

(十)精彩節目安排：精彩吸引人的節目或議題安排在最後，使與會者不會提早離開。

(十一)作業人員的調度與配合：增加櫃台、門童、出納人員，減少與會者不必要的手續及等待時間。

(十二)確定陸上交通的安排：會議安排在飯店舉行，並可提供會場及方便的住宿條件，與會者抵達會場的時間亦較容易控制，如果會議在會議中心舉行，會議規模較大，與會人士分住不同的旅館，如何安排陸上交通使與會者準時到達各會議場所或會期中之各活動地點，是會議議程時間安排重要的考慮。例如早上節目開始時間及晚間節目結束時間，都要將交通因素列入考慮。有些國際會議主辦國為了使會議順利進行，甚至安排警車或開導車為會議車隊開道。

(十三)編列工作號碼：

1. 日期時間法：會議只有一天的時候，直接將議程按時間排列。

2. 不同的活動用不同的編碼：會議有多天以上，將活動按日期及活動類別編碼。

3. 每一類都要編碼：例如餐食類開幕晚宴編碼 NO.1，第二天的早餐 NO.2，第二天的午餐NO.3，第二天的晚餐NO.4，依此編碼確定不會遺漏哪一項餐食安排。

每一編碼的餐食要分列每日議程及作業單，避免牴觸與重複，每天一張，重複查核，以免遺漏。

(齿) 利用電腦管理議程：將活動的議程表輸入電腦，方便查詢，也可成為下一次會議的參考資料。

六、設計議程表

各項節目大致確定後，要將議程內容按會議的日期及時間設計議程節目表（Programs & Agenda），每一項節目時間、地點、會議或活動方式、主題、主持人、演講人等以條列表格方式製作，並放置於會議的網站上。

在會議尚未舉行時，節目內容可能尚未完全確定或是會有更動修正情況產生，但是在會議舉行時，與會者的資料中印製的大會會議手冊，節目表應該是最後確定的議程，會議舉行時會議的議程、餐飲時間、茶點時間、社交活動安排等皆按此議程的安排進行。

七、會議議程範例

One-Day Meeting Agenda Planning Sheet

○○○○○○○○○○○ 　　　　　　200×/5/10

Number	Time	Activity	Location
1	8：30a.m.	Registration	Lobby
2	9：00a.m.	Opening/Welcome	Caribou Room
3	9：30a.m.	General Session	Caribou Room
4	10：30a.m.	Break	Lobby
5	11：00a.m.	Concurrent Sessions	See Figure 1-2

6	12：00noon	Lunch	Bison Room
7	1：00p.m.	General Session	Caribou Room
8	2：00p.m.	Workshops	See Figure 1-3
9	3：00p.m.	Break	Lobby
10	3：30p.m.	Workshops	See Figure 1-4
11	4：30p.m.	General Sessions	Caribou Room
12	5：30p.m.	Close	Caribou Room

Activity No. 5   Figure 1-2   Time：10：50 a.m.

Concurrent Sessions Planning Sheet

Number	Title	Presenter	Location
5.1			
5.2			
5.3			

Activity No. 8   Figure 1-3   Time：2：00 p.m.

Workshop Sessions Planning Sheet

Number	Topic	Leader	Location
8.1			
8.2			
8.3			

資料來源：The Complete Guide for the Meeting Planner。

圖5-6　一日會議議程範例

「活動」查核表項目

工　作　項　目	查核
1. 活動主旨（目的、議題）	☐
2. 預算（會議、活動、餐飲、住宿、交通）	☐
3. 對象（性質、性別、年齡）	☐
4. 參加人數	☐
5. 日期、時間、天數	☐
6. 主辦單位、負責人	☐
7. 籌備作業分工（祕書、財務、住宿、餐飲、交通、旅遊、議程節目、公關宣傳）	☐
8. 活動會場（地點、數量、大小、類型）	☐
9. 來賓名冊（姓名、地址、公司、電話、職銜）	☐
10. 邀請函（邀請卡、紀念品兌換券、停車券、地圖、餐券）	☐
11. 交通（交通工具類型、交通疏導、停車場）	☐
12. 會場布置（會場桌次安排、講台、舞台、視聽音響燈光設備、旗幟、看板）	☐
13. 宴會形式（圓桌、長桌、服務方式、菜單）	☐
14. 餐飲（中或西餐、桌餐、自助餐、雞尾酒會、茶會、主題餐會、飲料）	☐
15. 餐廳布置（桌次安排、典禮台、舞台、花飾、桌面標示卡、旗幟）	☐
16. 紀念品、禮品	☐
17. 住宿安排（房間種類、數量、付費方式）	☐
18. 活動議程（會議議程、活動程序、餘興節目）	☐
19. 報到簽名台（簽名簿、名牌、胸花、資料、紀念品）	☐
20. 接待（會場接待、活動接待、餐會服務、交通疏導）	☐

(二) 議程表例：

例一：眞理大學觀光學術研討會議程

海峽兩岸二十一世紀
觀光學術研討會
The Cross-Strait Conference on Tourism

時間	會議活動：2001/06/03（日）	
08：00～08：30	報到、資料領取（眞理大學大禮拜堂前廳）	
08：30～08：45	開幕式（大禮拜堂） 主持人致歡迎詞：施志宜（眞理大學觀光學院院長） 眞理大學校長致詞：葉能哲博士 貴賓致詞	
08：45～10：00	專題演講（大禮拜堂） 講題：觀光旅遊促進世界和平 講員：唐學斌博士	
10：00～10：30	茶敘時間（眞理大學紅樓教職員餐廳前院）	
10：30～12：00	分組主題A研討（階段教室）旅遊與文化交流	分組主題B研討（小禮拜堂）休憩開發與規劃
12：00～13：30	午餐時間（眞理大學紅樓教職員餐廳）	
13：30～15：00	分組主題C研討（階梯教室）餐旅經營管理	分組主題D研討（小禮拜堂）會議經營與管理
15：00～15：30	茶敘時間（眞理大學紅樓教職員餐廳前院）	
15：30～17：00	分組主題E研討（階梯教室）觀光運輸與資訊	分組主題F研討（小禮拜堂）食品營養與衛生
17：00～17：20	閉幕式（大禮拜堂） 主持人：施志宜（眞理大學觀光學院院長）	
17：20～19：00	淡水導覽 葉泉宏（眞理大學觀光事業學系副教授）	

資料來源：《海峽兩岸二十一世紀觀光學術研討會會議手冊》。

例二：第16屆亞洲祕書大會
ASA Congress Program（Singapore）

PROGRAMME
（This programme is subject to change）

SAT,28 AUG 2004
0700-0830	hrs Breakfast Council Presidents
0900-1300	hrs Council Presidents Meeting & Lunch
0900-1700	hrs Registration of Delegates
1830-2200	hrs "An Evening of Glitter"Dress Code:Traaditional/Formal

SUN,29 AUG 2004
0700-0830	hrs Breakfast (Foreign Delegates)
0830-1230	Official Opening of the Congress
	WelcomeSpeech by ASA President
	Opening Remarks byASA Founding
	President
	KeynoteAddress by Mr Chan Soo Sen,
	Minister of State for Education &
	Community Development& Sports
1230-1330hrs	Lunch
1400-1530 hrs	"How to Fait Successfuliy"Speaker:Dr Andrew Goh
1530-1600 hrs	Coffee Break
1600-1730 hrs	"Authentic Happiness & the power of Beliefs"
	Speaker:Mr Douglas O oughlin
	Dress Code :Office Attire
1830-2300 hrs	"Nocturnal Escapade"
	Dress Code:Smart Casual

MON,30 AUG 2004
0700-0830 hrs	Breakfast (Foreign Delegates)
0900-1030 hrs	"Reinventing Yourself In The New World of Work
	"Speaker:MrHan Kok Kwang
1030-1100 hrs	Coffee Break
1100-1230 hrs	"Balancing Work& Life as a Career
	Woman"
	Speaker:MsAngeline V Teo
1230-1330 hrs	Lunch
1400-1700 hrs	Panel Discussion "Strive With Winning
	Combinations"
	Corporate Panelists:Mr David Ang,Mr
	Kamal Kant & Ms Wong Mei Chan
	ASA Panelists:
	Facilitator:Ms Catherine Syn
1900-2230 hrs	"Singapura Nite"ASA Bazaar ASA Award Presentation Dress Code:Smart Casual

TUE,31 AUG 2004
0700-0830 hrs	Breakfast(Foreign Delegates)

第六章 會議地點與場地選擇

一、會議地點
二、會議所需的空間
三、決定場地

會議地點是指會議舉辦的城市，而場地則是指會議在城市的會場。會議地點大都是由會議的組織決定，而場地則由主辦國自行評估決定，兩者都要經過審密的評選過程。

一、會議地點

　　在挑選會議地點（Destination）過程中，有些是會議主辦單位早就預定的，有些是主辦國爭取的，不論以何方式決定會議的地點，有些條件是一定要列入考慮的。

　　㈠主辦國際會議的條件：

1. 硬體設備：會議中心、展覽中心、飯店的數量等條件，是否可負荷國際會議的大量與會人數，設備及品質是否可以達到國際組織的要求。

2. 餐飲安排：餐飲場地足夠、飲食風味多樣化，安全衛生符合條件、專業人員服務達國際水準。

3. 交通運輸：空中與地面運輸系統完善，機場可以應付大量同時抵達的旅客，世界各地是否有直飛班機抵達，機位是否足夠大量出席會議人士乘坐。

4. 專業會議人才：有專業的會議顧問公司（PCO）或會議規劃人才（Meeting Planner）籌畫會議。

5. 文化與旅遊：文化、藝術、美食、旅遊景點足以吸引與會人士參加會議。

6. 政治經濟安定：政局穩定，沒有戰爭、示威、暴動之危險情勢，經濟環境安定，有開創商業之機會。

7. 安全防護：保障參加會議人士安全之機制。

8. 地理位置：地理位置適當，方便世界各地與會者不必長途跋涉參加會議。氣候冷熱適中，溫差不大，戶外活動不受天候的影響。

9. 語言能力：有足夠國際通用語言人力資源，配合國際會議之需要。

10. 當地的支持：政府、有關組織及企業經費或實質支援。

㈡ 會議組織指定的地點：

1. 每次同一地點：會議組織政策規定每次會議皆在同一地點舉行。

2. 每年不同區域：將全球畫分為數個地理區域，每次會議在不同的地理區域舉辦。

3. 國際性地點：會議以一定的程序安排在全世界各城市舉行。

㈢ 國際性會議的地點：

　　國際會議因為規模大、牽涉事務繁雜，主辦國家需要及早準備，所以會議的地點都在數年前就做了決定，500人以上的會議五年前就要決定地點，四年一次的世界奧林匹克運動會，八年前就決定下兩屆的城市地點。一般國際會議決定地點有數種方式：

1. 輪流規則：由會員國輪流按參加該組織先後順序在該國城市舉辦。不過有些大型年會參加者大都是本國人士，組織也會將會議城市之氣候、時差、當地的吸引力及參加會議之價格等因素列入考慮，以免影響參加會議者的興趣。

2. 分區主辦：國際組織的會議大都會分區由會員國輪流定期舉辦，如國際會議協會（ICCA）就是依照亞洲、美洲、歐洲之順序輪流舉辦。輪到之區域再由該區域內之會員國爭取主辦。

3. 會員國爭取主辦：全世界不分區，由參加該國際組織之會員國爭取在該國之城市舉辦。

㈣ 決定會議地點：

1. 書面資料蒐集審查：蒐集在當地舉辦過的成功會議之有關資料刊物，會議旅館的網站，當地的旅館指南，會議中心設施，旅遊指南等。

2. 接觸目的地有關機構：當地的CVB（Convention & Visitor Bureau），有關行業之商會及政府有關機構，他們都可提供豐富的資訊。

3. 探訪目的地情況：情況許可最好能拜訪目的地有關機構，與蒐集之資訊比對，廣泛了解當地情況做正確的決定。

4. 預算：預算是決定會議地點的重要因素，尤其會議的旅費是由機構負擔時，旅費成本是影響會議地點最大的考量。如果旅費是由出席者負擔時，因為旅費占了總費用的很大的比率，所以也影響出席者的意願。因此許多會議選擇地點時，會以城市及其周邊的城市的人口數字作樣本，會議周邊地區人口多、工商業發達，大部分地主國的有關人士就會參加會議，主辦機構可預估可能的出席人數，這樣可以掌控當地潛在參加者的會議基本人數。預算的報名收入因而增加，所以預算和選擇會議地點之間的相互關係是決定會議地點很重要的因素。

5. 整編資料決定地點：整理會議地點資料，提供主辦決策單位核准。

6. 會議地點諮詢要分析的項目：

   (1) 預算：當地的物價指數及生活水準，當地政府及民間贊助的程度。

   (2) 可行性：空中、陸上交通容易到達，成本是否符合需求。

   (3) 組織的政策要求：會議組織成本考量。

   (4) 氣候：氣候穩定，適合旅行開會。

   (5) 住宿房間、會議、展示的空間：場地能配合會議的規模的大小及預期與會者人數。

   (6) 休閒娛樂：會議之外，觀光休閒度假之配合。

   (7) 城市的形象、安全性：沒有暴動或戰爭的可能，陸空交通便利。

   (8) 整體的產業是否配合：會議專業能力，國際人士參加會議沒有邦交、簽證問題。

   (五) 會議場地調查：

   會議地點旅館及房間數以及交通的便利性是場地考量的首要因素，不過在預算緊縮的情況下，價格的考量會比便利性來得重要，而場地的整體服務也是選擇會議場地者優先注意的項目。會議地點之場地有下列數種：

   1. 機場旅館：如果會議的性質是企業舉行會議，會議的目的是舉辦密集訓練，可能選擇交通方便的機場旅館，方便該企業各地來參加會議的

圖6-1　機場旅館

出席者，會議結束即可返回工作地上班，不耽誤太長的時間。

2. 休閒度假旅館：郊區的休閒旅館會議場地可有一個寧靜和平的氣氛。會議的目的是商務與娛樂並重，會選擇較不受干擾及休閒度假區的旅館，可提供良好的會議設施也給予許多消遣活動機會。

3. 城市旅館：城市的會議場地可以提供訪客博物館、劇院、觀光景點等方便的附帶觀光據點。使用城市旅館舉行會議會先做某些了解，諸如：

以前使用此旅館的紀錄及印象

出席人容易抵達

陸上交通方便

會議選擇城市不同的區域舉行，體會不同的城市生活風格

會議前後豐富的遊覽地區

旅館商譽

會議空間設備及住宿條件

接待及服務

城市的宗教或節慶活動的日期

4. 大學校園：許多城市的大學校園有附屬旅館或招待所及餐廳，可以提供會議者住宿及餐飲服務，大學又有現成的會議及視聽設施，工作人員也可適當配合，費用通常較為節省，是一個漸漸為會議主辦機構重視的場地。

圖6-2　大學旅館

5. 會議中心：城市的會議中心（Convertion Center）大都在城市中心，交通方便，商業繁榮，還有廣大的展覽場地。會議中心提供完善的會議設施，大小不同的會議廳配合會議之規模需要，並有專業人才給予適當協助。如果附近有足夠的住宿旅館配合，是很理想的會議和展覽場地。

郊區的會議中心（Conference Center）除了會議設施外，並提供住宿、休閒娛樂設施，有休閒度假旅館同樣的功能。

6. 旅館服務品質：由於會議產業的蓬勃發展及其經濟效益影響範圍廣

大，對於會議場地提供的服務品質要求，成為選擇會議場地考量的重要因素。會議主辦單位希望場地供給商提供一定水準的服務、良好的照顧，使與會者盡興而返。美國專業會議管理協會（PCMA）對其會員調查，有82%的會員都同意會議場地服務人員的服務態度是決定場地之強烈因素。

會議場地應考慮殘障者的需要，對殘障者的特別服務及公共設施，諸如通道、大型浴室、電梯、會議室及交通的配合。員工的配合意願及有能力為這些身體不便的與會者協助其需要。

此外，對於特別飲食的需要，國際與會人士的需要，配合多國語言能力的員工，外匯交換，國際語言的標示牌，翻譯等，亦是旅館服務品質需要注意的項目。

圖6-3　旅館之會議標示牌

二、會議所需的空間

會議的空間（Space）包含住的臥房、會議空間兩項，分述如下：

(一)臥房數量：確定會議期間與會人員住宿的臥房數量和型式。臥房的安排以下數點應列入考慮：

1. 公司或是個人負擔費用：會議若是由某一個機構主辦，費用亦由機構負擔，則臥房大都是由機構政策決定。如果是一由各方人士參加的研討會或工作會，由出席者自行負擔費用，則住房的選擇就要適當考慮出席者的意見了。

2. 單人房、雙人房、套房數：出席人自行負擔住房費用時，要求單人、雙人或是多人同住，由與會人決定，一般這種情況房間以單人房最多，次為雙人房，再次為套房。如果會議由機構負擔住房費用，為了節省開支，則可能雙人房的安排就要占多數。

3. 貴賓房間數：會議貴賓（VIP）安排單人房或是套房，會議籌備單位按政策或慣例或是預先與貴賓的約定安排臥房型式。

4. 各式臥房比例：依出席人數及潛在出席人數估算預定房間數，通常保留50%之單人房，40%之雙人房，10%為一及二房之套房數。

5. 預定臥房：旅館通常要求預定後，會議前30天內不能更改，但是在協商時應要求同意會前有增減的適當空間，截止預定的時間還是可以商量的。

(二) 會議空間：

1. 會議需要的房間：會議主辦機構會根據會議的主題及目的規劃需要會議間數量及每間大小，同時也考量大會的預算來選擇場地，當然出席者的性別、職業、來自哪些區域及對會議的感受及期望，也是選擇會議場地要顧慮到的。

2. 會議地點的活動：會議安排各種的活動需要適當的場地配合，全體會議需要會議大廳、分組會議需要中或小型會議室，餐飲安排有關的早

／午／晚餐、酒會、招待會、休息茶點等的場地，娛樂、休閒、體育活動場地等。

3. 計算會議場地的方式：以會議議程型式決定會議需要利用之有效溝通及交流空間，按會議人數來策劃房間之大小。

計算空間不要忘了消防出口，交通流量的通道，也要計算在內。計算會議室容量方式有以下數種：

(1) Comfort計算器：是會議規劃人依人數，需要不同房間、設備空間的指示器。這種方式是指會議廳容納人數，不包括舒適條件要求。

(2) Perfect Fit：是測量地板－空間－陳列的整體測量，有可以看見的圖示，不過有時圖示和實際場地會有些不同，應以實地勘測為準。

(3) 平方呎（ft²）：平方呎的計算方式是由前美國地理社團會議經理F.Handy開發出來的，其計算方式是在會議廳中依人類實際身體活動，桌椅坐的舒適及活動周轉空間而測量出來。這種計算方式按會議型式之不同，桌椅排列的方式一般標準如下：

配置（Set-up）	平方呎／人（ft²）
戲院型	9－10
登記處（站立）	8 ½－9 ½
會議型	23－25
教室型	15－17
宴會（圓桌）	11 ½－12

(4) 美國拉斯維加斯MGM Grand Hotel & Casino所列的標準：

型式（Type）	平方呎／人（Square Foot/person）
Theater	9－11
School Room	16－17

U－Shape	50－62
Conference	64－66
Reception	11－12
Banquet Rounds	14－18
Dinner/Dance	16－23

參考資料

Event Planning Software 之「SmartDraw」設計各種活動場地圖、座位圖、展覽場地等

設計項目：Special Event Plans

Trade Show Plans

Exhibit Plans

Seating Charts

Catering Plans

Banquet Plans

Security and Fire Exits

網址：http://www.smartdrew.com

4. 會議室桌椅布置之類型：會議室及桌椅的擺放方式影響與會者的身體及心理狀態，一個舒適的會議環境影響與會者對主辦機構滿意度，是評估會議成功的重要因素之一。會議布置的類型有以下數種：

(1) 戲院型（Theatre）：戲院型布置其方式是將座椅一排排排列整齊，面對講台沒有桌子，適合演講或大型集會、表演場合，這種方式要有良好的視聽設備配合（如圖6-4）。戲院型每個與會者需要的空間較小，但是與會者之注意力及參與感前後段有很大的差異，後面的人聽

不清楚前面人討論的問題，而且無法書寫做筆記、手也沒地方支撐。戲院型椅子和椅子之間距要3至6英寸，行與行之距離要有2至2.5英尺。會議室的天花板高度要超過8英尺，以便放映之螢幕影像後面的與會者可以看得見。

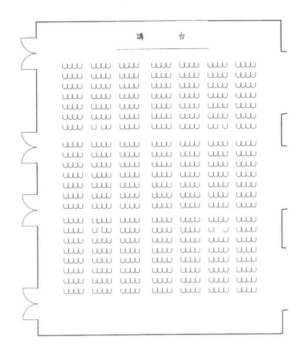

圖6-4　戲院型會議室

⑵ 教室型（Classroom）：與會者面對著講台，座椅前有桌子，這種方式適合演講，聽者可以記筆記。這種排列也可以作為小組討論之用，只要前一排人向後轉即可與後一排人組成小組一起討論。會場如果較大，要多架設麥克風，使討論問題時全場都可聽到（如圖6-5）。

教室型的房間最好方形，長方形之房間長度不要與寬度差太大，否則後面的與會者視聽效果都會不佳。

教室型排列所占空間稍大，兩人間之距離要2.5英尺，前後排之距離要2.5至3英尺。

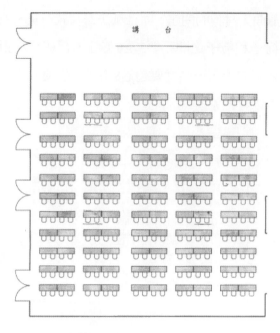

圖6-5　教室型會議室

(3) 會議型（Conference/Hollow Square）：會議型的桌子排列形狀為橢圓中空或長方形中空，這種會議桌適合30人左右參加之開會討論型式，每個人都可聽到會人士之聲音及看到其表情，增加溝通之效果，超過30人會使距離過長，互動效果較差（如圖6-6）。

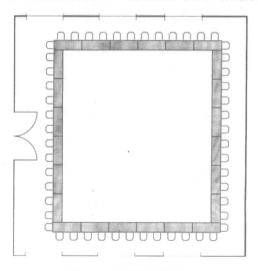

圖6-6　會議型會議室

會議型座椅之間距相等，主席坐前方正中，其他人員按職位或重要
性依次在主席兩邊就坐。

(4) U型（U-Shape）：30人左右可用U型排列會議桌，主席坐U型不開口
的正中央，這也是開會討論之會議桌排列方式，也是有每個人都可
聽到與會人士之聲音及看到其表情之優點。此外，如果人數稍多可
安排坐U型之內側，不過坐內側開會時之溝通及感受程度較差，應盡
量避免（如圖6-7）。

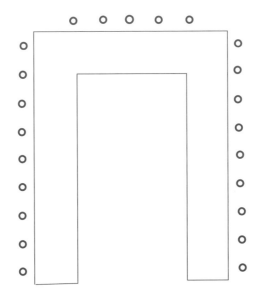

圖6-7　U型會議室

(5) 平行排列型：這種排列是將桌子以垂直方向一排排對著主席台排
列，多人開會時常用此排列方式節省空間。這種方式因為與會者是
將椅子對著主席台就坐，一方面姿態不舒服，另一方面如坐桌子右
邊的人要寫字時，非常不方便，所以非不得已不要用這種排列方式
開會（如圖6-8）。

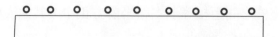

圖6-8　平行排列型會議室

三、決定場地

決定議場地（Site）是會議規劃重要的工作，僅分述如下：

(一) 會議場地種類：

1. 旅館：許多旅館體認會議產業的廣大經濟利益，同時也配合這類市場的需要，而專為會議闢出專門樓層作為會議中心，設有會議室、會議設備、高級視聽設備、精緻餐飲、舒適客房、專業殷勤禮貌的服務人員，使會議主辦機構及參加會議者都能在一個舒適環境中舉行一個成功的會議。

2. 會議中心：城市會議中心交通方便、商業發達，可將會議與展覽一併舉辦，但周邊要有足夠的旅館提供與會人士住宿。郊區會議中心可提供會議及住宿服務，企業或機構之大型會議可以善加利用。會議中心可設聯絡員如同旅館的大會服務經理為個別的會議服務。

3. 休閒旅館：混合商務和娛樂的會議安排在休閒地點舉行，使會議和休假同時兼顧。休閒場地業者了解提供會議服務可獲得營收的巨大潛力，所以重新規劃場地提供小型會議設備與服務。甚至有些地區特地興建大型休閒會議場地，提供會議展示休閒之用，如美國佛羅里達州

的華德迪士尼休閒場地有會議宴會廳及展示廳28間大小會議室、1,509間客房、各式餐館、遊樂場、三個高爾夫球場、游泳池及海灘等。

4. 大學會議場地：大學校園在假期是很好的會議場所，招待所、宿舍及餐廳可以充分利用，校園環境氣氛幽靜，特別是學術性會議更是方便。所以很多學校充實會議設備，提升食物品質加強會議服務，爭取會議市場。

5. 郵輪：郵輪可以說是一座會移動的休閒度假旅館，船上的設施稍作調整即可作為會議使用，不過郵輪作為會議場地，因費用高昂而少為大型會議主辦者考慮。

6. 火車：在火車上開會可節省甲地到乙地之旅程時間，而且暫時擺脫都市喧嘩，火車也可供應小型會議之會議室、食物及飲料、臥鋪的服務。

根據UIA的統計資料（如圖6-9）顯示，會議地點在會議中心舉行自1895年的38%到2002年降為34%，表示會議中心會議場地使用有減少的趨勢。在旅館會議的比率自1895年的30%到2002年仍為30%，使用比率未有變動。其他場地方面，自1895年的13%到2002年為14%，變動不大。而利用大

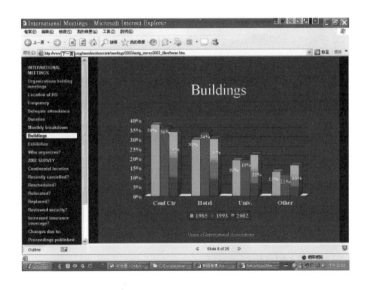

圖6-9　UIA的統計資料

學作為會議場地自1895年的19%到2002年升為22%，這個統計數字變動較大，與近年來各大學積極建設會議硬體設備，提升會議的軟體需求，配合一般會議住宿餐飲之標準，拓展會議市場有很大的關係，大學推廣進入會議市場，一方面開拓大學之財源收入，另一方面大學之現成設備、人力資源、專業人才等都可直接支援利用，甚至有關科系的學生也有一個實務實習的機會，是一個一舉數得的策略。

(二) 決定場地步驟：

會議的型態為大型會議或展覽，通常會選擇在會議中心舉辦，與會人士之住宿，則由會議中心附近之旅館支援。但是大部分之中型會議會選擇會議場地和住宿都能配合之旅館舉辦。以下就以選擇旅館為會議場地時之步驟說明如下：

1. 審查會議地點場地的資料和有關的刊物：將會議地點符合條件之旅館的名單、房間數、有關設施、服務、房間費用及交通等資料，審查過濾留下可能的會議場地。

2. 專業人士意見：打電話或E-mail給曾經使用過該場地的人士，聽取他們的經驗，作為參考。

3. 計畫大綱寄給會議地點業者：選定會議地點至少三家業者，將會議的計畫大綱寄給業者，要求在規定期限提書面回覆，一方面可以看出業者是否真的在意此筆生意、是否真的用心，另一方面可以了解業者專業的程度；除了回答問題之外，會不會提出一些細節給主辦單位參考；或提出一些他們會提供的服務，如符合要求再進一步聯繫。

寄給場地業者之計畫大綱應包括的要點：

(1) 舉辦會議組織及會議名稱、型式

(2) 會議大概日期、天數

(3) 房間數量或需要的各種房間數

(4) 餐飲數量

⑸ 會議廳數量及大小

⑹ 服務支援

4. 評估：

⑴ 會議目的：場地與會議目的配合之程度

⑵ 預算成本：場地費用在會議預算成本控制之內

⑶ 會議型式：場地會議軟硬體設施符合會議型式之需要

⑷ 會議議題：場地設施氣氛適合會議議題

專業會議規劃者可設計表格來評估場地，也可利用發展出之評估軟體，將所有的資料輸入，此軟體會自動幫助使用者評估及分析場地之適合性。

5. 安排至三家業者實地訪談：要得知實際情況，在正式訪談前，可不告知業者以一般旅客私下查訪，需要查訪的大方向有：

⑴ 住宿、餐飲條件：飯店及設施之第一印象

⑵ 交通情況：航空公司當地情況、接待程度，機場抵達會場之方便性

⑶ 會議設施：會議廳及設備

6. 會面前的查核工作：先行了解、發現問題，備妥詳細現場查核表，訪視時按照查核表項目進行以免遺漏。一個優秀的旅館其硬體設備僅占40%，而人員素質、技術和服務所謂的軟體卻占了60%，只有兩方面都能協調配合，才是最好的旅館。因此查核工作是很重要和仔細的。查訪的工作內容：

⑴ 自行付費，比約定早一日抵達以一般旅客的身分先看其表現，也可先做預約的訪問，以後再以另外的姓名做不通告的訪問，以比較兩者之差異，可以得知真正的服務品質。

⑵ 可看出真正的品質和水準：如員工和善親切之表現、Check-in手續順暢快速、食物和服務水準高、管理階層有效協助解決問題等。

⑶ 訪查要看的項目：

- 大廳設施：包含員工服務、Doorman及員工衣著、專業知識及禮貌、工作效率。
- 登記處：有幾個面，Check-in、Check-out的時間規定及程序，早到及晚走及會前會後多停留的優惠。
- 出納處有幾個面？
- 標示牌是否清楚？
- 主管及現場的辦公室：現場的問題處理效率、大廳經理辦公室位置。
- 客房：房間的燈光、空氣、浴室、清潔、電視及配備。
- 小費的要求。
- 服務人員的禮貌：敲門才進入房間、態度親切有禮。
- 維修效率：有問題時維修人員處理的速度。
- 房間資料：餐廳菜單、附近的觀光旅遊資料、針線包等。
- 會議間：數量、大小、設施、結構。

圖6-10　旅館會議廳指示標示

- 餐廳、廚房：餐廳的氣氛、菜單是否有多樣性的變化、桌子的周轉率。

- 服務的效率：禮貌、友善的程度、動作要輕快、有無團隊的精神。

- 食物輸送通道：廚房與用餐地之距離、食物輸送之安全衛生。

- 工作人員：服裝、儀容、名牌佩帶、紀律。

- 洗手間：方向、數量。

- 標示牌：清楚、位置放置適當。

7. 正式巡視及協商（Tour）：與場地業者約定時間正式察看場地，安排原則是上午9：00～10：00之間的時間較為適當，所要巡視的項目如下：

⑴ 交通流量（Traffic Flow）：會議所在的場地樓層之電梯、電扶梯、樓梯數量可供眾多人員使用，會議各地點間之移轉流通速度、休息時間洗手間流動率都能符合會議需要。

圖6-11　旅館電扶梯

(2) 會議房間（Meeting Room）：各類會議使用房間之規格合乎會議需要，設備完善，可提供會議場地免費服務，如布置會場、提供演講設備、視聽設備、指示牌、會議看板、白板、紙筆、薄荷糖、飲水及水杯等。察看項目如下：

- 會議室不應在廚房、貨梯、走道、工作人員通道等處，以免廚房氣味、人員吵雜妨礙會議品質人。
- 天花板的高度：無壓迫感、可以配合會議布置之需要。
- 形狀：長方形較適合會議需要。
- 障礙物：柱子、枝架、不合適的標示牌盡量少，避免阻礙視線。
- 裝潢：美觀、燈光可以調整、顏色莊重的淺色或灰褐色、壁紙不可太花、圖畫及鏡子不可使人覺得混亂、窗戶要適量。
- 音響：隔音效果要好、不能有干擾情況、電器插座數量要方便使用。
- 會議室燈光、溫度、聲音可單獨控制，有電話插座。
- 清潔及維護狀態良好。
- 休息室及茶點：講師或貴賓休息室接近會議室，會議室附近有茶點的場地。

(3) 客房（Sleeping room）：提供優惠的房價，房間的維護良好，清潔又有效率，與私下訪談的情況比較一下，也要了解不同房型以安排特別貴賓之住宿。察看住房的項目如下：

- 設備：房間電話、電視、音響、時鐘、冰箱、保險箱、櫥櫃、茶水飲品設施（冰桶、開瓶器、熱水壺、茶包、咖啡包）、針線包、周邊餐飲及旅遊資訊等。
- 燈光、溫度：可自由調整。
- 身心障礙設施：方便可能之需要。
- 浴室：清潔、乾燥、排水口通暢、吹風機及盥洗清潔用品周全、淋浴及盆浴設備，備有電話，冷熱水管通暢調節方便。

⑷ 餐廳、廚房、吧台（Food and Beverage Functions）：察看項目如下：

- 餐廳的空間夠會議用餐使用，使用會議大廳舉行晚宴，時間、人力及布置可以配合。
- 大型會議分散用餐時有足夠的餐廳可以容納。
- 設有24小時營業餐廳。
- 用餐環境良好，隔音效果佳。
- 提供特別飲食及多種菜單的服務。
- 食物及飲料設施可以配合會議規模及需要。
- 廚房的位置離會議室有適當距離，避免味道影響會議進行。
- 清潔、衛生、價格適宜。
- 廚房與用餐地的距離如果太遠菜餚變冷，並容易發生衛生安全問題。
- 作業空間的流程合乎餐飲業規定。
- 跟主廚打個招呼，方便將來與主廚商量菜單。
- 吧台營業時間及飲料優惠政策。
- 晚宴場地表演舞台配合。

⑸ 旅館的服務（Service）：除了旅館例行應有的服務外，住房可附贈早餐，可提供會議特別需要支援配合的員工，旅館可提供的非人員的服務，例如報紙、咖啡、免費市內電話、通訊設備，可免費提供會議筆記用紙及筆，印刷會議名稱於資料上等的服務。

⑹ 休閒娛樂設施（Recreation）：商店數量，運動、娛樂場地如健身中心、網球場、保齡球場、高球場、游泳池、SPA等的多寡，使用收費及優惠方案。

⑺ 其他（Others）：保證金要求，會議期間其他團體使用同飯店影響情形，取消條款之規定，安全設施與維護，與會者交通運輸及停車價格等。

8. 開始協商：正式拜訪場地業者以後，將查核後之資料帶回與主辦單位協商，決定哪一個場地最為適合，訪談者通常絕不會在訪談的當天就

與場地業者協商。有些會議主辦機構會多請一個人去看場地，多一些資訊作最好的決定。經主辦單位確定的會議場地，通常會在短期內通知業者。再由主辦單位與會議場地業者作進一步細節協商，一旦協商有了結論，彼此要簽署書面契約或同意書（Get any and all agreements in writing），以確認雙方有關責任。

會議協商的對象除場地供應之業者外，還有會議活動之各供應商。有關協商注意事項如下：

(1) 協商：主辦單位與設施供應商之間如何協商談判，將雙方協議事項，簽下一份共同遵守的合約，是會議成功的重要的關鍵。

(2) 協商的定義：所謂協商是指議價或討論方式將彼此觀念趨於一致而達成之協議。

(3) 合約：合約是約束兩者或更多關係人之間的合法文件，因此對各項細節都應仔細考量，以確保主辦單位和各供應商都能依法執行其任務。因為合約使用頻繁供應商通常都備有標準合約書，在協商時視需要增加或減少某些條款，可以節省協商時間。

(4) 協商步驟：首先會議主辦機構要與供應商談些什麼項目，聯絡廠商請其提供服務及設備資料，接著與廠商就特定項目進行協商。例如與展示場地業者要談的項目應包含：展示廳的數量大小和租金、會議室的租金、展覽品移入和移出的時間、展覽的天數、訂金規定、停車優惠、物料儲放費用等。

協商是給與取的過程，協談代表人意志堅定，希望獲得最大的利益，不過成功的談判是妥協，是兩方面都感覺圓滿與受益的結果。

協商有了結論就要將各項細節寫入書面合約，合約是合法的文件，因此應有律師在法律上予以協助。例如與住宿旅館之合約要包含下列各項：

● 住宿房間數及區段

- 會議室與視聽設備使用

- 展覽房間及設備使用

- 招待工作人員食宿優惠

- 無法住宿旅客處理

- 貴賓住宿優惠及服務

- 會議前後住宿之優惠

- 食物、飲料及稅金、賞金規定

- 付款程序及訂金規定

- 取消與補償條款

- 爭議仲裁

- 保險及安全

- 會議工作房間提供

- 會議資料儲放、行李寄存

此外會議主辦單位還須與個別供應商如裝潢商、交通公司、娛樂公司、保全公司、花店等簽訂合約。甚至演講人都要簽合約，說明邀請演講之條件如演講費、旅費、住宿、負擔公共活動、與媒體接觸、保全安排及取消條款等。

第七章　會議餐飲規劃

一、會議餐飲種類
二、餐飲規劃要點
三、餐飲安排
四、規劃飲品功能

由於食物影響人的精力和心情，食物和健康更爲現代人所重視，會議飲食的規劃對參加會議者心理及情緒的影響非常重要。除了考量食物的營養可口多變化之外，更要特別注意餐飲的衛生與安全。

　　食物和飲料影響會議活動至巨，出席者忍受飢餓或是提供差勁的食物，都會對會議的評鑑有非常負面的評價，對會議的目標亦無法圓滿達成。何況對會議規劃者來說，上台者的演講或表演很少能完全控制，但是控制餐飲菜單、食物及飲料是會議規劃者會前重要的工作。

　　食物和飲料在會議的功能不僅只是提供會議出席人吃飽而已，它還應提供一個美好的環境給出席者社交、結交新朋友、同業聯誼、尋找商機的機會。因此食物與餐飲的型式應取決會議的需要及目標、預算的多少，以及會議場地的設備和特點的配合。有些短期的會議只要提供簡單而精美的飲食就可，可是對於一些時間較長或是以交流爲目的的會議，其餐飲規劃包含早餐、午餐、晚餐、自助餐、茶點、接待會、正式宴會、特別活動、各式酒會等。

一、會議餐飲種類

1. 早餐（Breakfast）：住房者及非住房者，都以自助型式提供。

2. 午餐／晚餐（Lunch/Dinner）：午餐常用自助餐方式供應，通常國際會議除了開幕、閉幕晚宴之外，不常提供晚餐。

3. 歡迎酒會（Welcome Cocktails；Opening Reception）：歡迎或聯誼酒會，提供與會人士交流聯誼。

4. 開幕或閉幕儀式（Opening Ceremony/Closing Ceremony）：會議議程都會有開幕及閉幕典禮儀式，有時會安排接待會。

5. 歡迎晚宴（Welcome Dinner）：國際會議的歡迎晚宴會安排表演節目助興。

6. 閉幕晚宴（Closing Banquet/Farewell Dinner）：也是歡送晚宴，除了安排表演外，也會保留一些時間給下一屆主辦國宣傳促銷、邀請與會者

參加會議。

7. 聯歡晚宴（Gala Dinner/Cultural Night）：會議主辦國在白天議程結束後，安排晚間之聯誼活動，豐富會議內容，提供更多交流機會。

8. 茶點（Refreshments）：

　(1) 上午、下午茶點（Coffee Breaks）。

　(2) 分組討論茶點（Breakout Sessions Refreshments）。

圖7-1　茶點時間

9. 其他：

　(1) 戶外餐會（Outdoor Reception）：提供多變性餐飲方式之一。

　(2) 外燴晚宴／招待會（Off Site Dinner/Reception）：餐飲場地及方式多樣化，引起參加會議之興趣。

　(3) 眷屬聯誼活動（Spouse Program）：眷屬旅遊、參觀活動時，體驗當地之飲食文化。

　(4) 主題宴會（Theme Parties）：設計特定主題宴會，增加趣味。

圖7-2　主題餐會

二、餐飲規劃要點

　　大型會議時與會人士數百人甚至上千人，如何安排會議餐點，不僅是會議籌畫者的重要工作，也是考驗餐飲掌廚者的智慧、臨場反應及人力的調度配合。

(一) 餐飲預算：

　　會議場地餐飲部門通常都會設計標準菜單及價格提供主辦會議機構參考，會議主辦機構根據餐飲目標及預算，餐飲提供單位之場地容量及限制、場地特性、服務的限度，來計畫會議期間的食物與飲料。

　　餐飲的費用占了會議預算很大的比率，規劃餐飲要考量大會餐飲預算，掌控用餐的人數是很重要的管理工作，估算餐飲的數量是一件詭異的工作，通常餐飲提供單位要求最低人數的保證，與餐飲業者訂約時都會有最低保證數量及訂餐時間的規定，通常在24至48小時前應給予最後人數的確認，而餐飲業者也會有之3%至10%之超額準備。

　　預測用餐人數可查閱以前的歷史紀錄，也會根據報名付費人數加上10%來估算用餐人數。

　　會議的報名表中都會詳細說明自付費或大會提供餐飲之項目，不過會議主辦單位事前要將臨時嘉賓列入考量，並預估不克出席者的比率。

　　有些贊助單位在會議期間會贊助某些餐飲，主辦單位應提供正確人數以便安排。會議期間某些活動安排在會場之外用餐，外食安排餐飲需要之數量也要精確。

(二) 場地選擇：

　　餐飲安排首先要選擇大小適當的場地，地方太大人少會有冷清失落感，太小擁擠周轉困難，室內溫度及氣氛都會影響參加者的情緒。裝潢、背景音樂及鮮花、盆景、餐台擺設以及優秀的服務人員都是餐飲安排專業的表現。

(三) 餐飲控制：食物與飲料的控制可由幾種方式來運作：

1. 餐券方式：主辦單位將會議所提供的餐券放入資料袋中，出席者在完成報到手續後交給會議參加人。大會提供的每一次餐飲都使用單獨一張票券，餐券上有使用日期及餐飲種類，每天每次的票券可以不同的顏色區分，避免使用人混淆不清，承辦單位與使用者發生誤會。承辦餐飲業者或主辦單位接待與會者用餐時收取餐券，會議主辦單位即根

據餐券的數目付費給餐飲承辦業者。大型會議時大都採用這種方式控制餐飲。

2. 人頭計算方式：以用餐人數作為計算方式，如用餐是自助餐或固定套餐可用這種方式。

3. 餐盤計算：以用餐時使用餐盤的數量，作為付費的方式，這種方式最好在小規模的會議時使用。

4. 消費量計算方式：以實際的消費量作為計費方式，這種方式一定是用在小型集會或是自行付費的情況，否則一定有不能控制的情況發生。

㈣ 會議餐點要求：

　　食物與飲料影響大腦，產生精力激動或平靜的物質。而且隨著時代背景的改變，會議餐飲不僅要求吃得好、吃得美味，還要吃得健康、營養、精緻。有些會議甚至有低鹽、低糖、低卡路里，高鈣、高纖「三低二高」的餐點規劃要求，因此會議菜單的設計可請專業營養師協助規劃，以配合會議的需求。此外，食物的新鮮衛生、上菜的流程、排盤的精緻都是在餐飲安排時不可疏忽的要項。

會議餐點供應的流程與人力調度是餐食供應的另一要求，如何在預定的時間內用餐完畢，使會議繼續進行，是要靠負責餐食供應團隊共同努力合作，讓每一環節都能順利進行，使用餐者不僅享受吃的樂趣，也能滿意工作人員提供的服務。

三、餐飲安排

　　餐飲安排的原則是簡單有條理，菜色盡量不要重複，對於宗教因素、飲食習慣、健康營養等特殊需求等都要列入考量。

㈠ 早餐安排：

　　會議的早餐及午餐常採用自助餐的方式，餐廳可以提供多樣口味的食物以適應不同飲食習慣的出席者，一方面用餐者有多樣選擇，餐廳也可減

圖7-3 自助早餐

少個人服務人員的服務,而且因為桌子的流通率較快,用餐人不一定同一時間用餐,用餐的場地就不必每人都要一個座位。

1. 內容要豐富,現今會議早餐都採用自助式的方式,內容有果汁、水果、咖啡、牛奶、燕麥、麵包、土司、甜餅等,甚至還可提供各國風味的早餐。採用自助餐方式一方面可節省服務人力,另一方面對不同飲食要求的與會人士可各取所需。

2. 甜的食品減至最低,使與會者心情保持平靜。

3. 與營養師研商將蛋白質食品與碳水化合物的食物搭配恰當。

4. 提供與會者食物選擇,注意是否影響精神狀況、持久性及敏捷性的效果。

5. 多變化的食物安排,會議期間每天供應的食物都應有些變化。

6. 供應低咖啡因的咖啡,但下午茶例外。

㈡ 午餐、晚餐安排:

現在的會議午餐除了自助餐以外,有些會議議程時間安排緊湊,為了

節省用餐時間，午餐以餐盒供應，不必另外準備場地，費用低，容易準備，清潔容易，服務簡單，場地彈性大，甚至可帶走，不過應該準備用餐墊紙、餐巾紙、茶水，或是另外附加水果等。但是有晚餐的會議通常較為正式，很少使用餐盒。

1. 場地規劃（Room for Food）：

   (1) 午餐場地：國際會議若人數眾多，為不影響會議議程，午餐時間不宜占用太多時間，所以較常採用自助餐方式，但是一般宴會廳已作為會議用場地，其他樓層餐廳難容數百人同時用餐，因此大會要安排數個餐廳及其他方便用餐場地以便在有限的時間用餐完畢。

   (2) 晚餐場地：很多國際會議除大會安排的社交活動晚餐外，其他皆由與會者自理。由大會安排的晚宴大都會在宴會廳舉行，飯店工作人員將白天會議的場地桌椅搬離，換上宴會桌椅及布置，宴會結束再還原準備第二天的會議使用。如果晚宴在會議以外的地方用餐，場地的使用就不必如此麻煩，但是要安排運輸車輛接送參加人員赴用餐地點。

2. 菜單規劃（Menu Selection）：

   (1) 型態：安排國際化、當地正統或民族特產飲食。

   (2) 用餐方式：套餐、自助餐、站式或坐式接待餐會。

   (3) 特殊飲食：素食、猶太餐、回教餐、無紅肉、無豬肉、無牛肉、無海鮮等不同需求。

   (4) 會議期間將菜單列出表格，比較菜色，盡量避免重複。

3. 規劃午餐菜單（Plan the Lunch Menu）：

   (1) 與營養師協商每天變化之菜單，一般講究營養之午餐熱量在500-700卡之間。

   (2) 少澱粉及碳水化合物，提供補充精力的燃料。

   (3) 與主廚研究，混合澱粉、蛋白質、碳水化合物適當的菜單，使與會

者精神體力保持良好的狀況。

(4) 午餐通常可採用自助餐的方式。

圖7-4　自助午餐

4. 規劃晚餐（Plan Conference Dinners）：

(1) 若有營養的要求，控制晚餐熱量在700-1000卡之間。

(2) 晚餐或宴會後無其他活動，晚餐可以附酒類的飲品。

(3) 提供減輕壓力或有助於睡眠的食物。

(4) 先提供蛋白質食物刺激精神，再提供碳水化合物食物改善及安定精神狀態。

(5) 晚宴桌次安排要合乎國際禮儀規範，貴賓桌數不要太多，避免接待時造成混亂，而一般參加會議者可採自由入席方式就坐。

(6) 國際會議晚宴後皆安排娛樂、歌舞、民族特色表演以娛嘉賓。

5. 飲料規劃（Planning Beverages）：

國際會議提供晚餐的餐會都有飲料的規劃，自助餐有飲料專區，有服務的餐宴通常會有酒類供應，為了控制酒類的預算，在協商時都會訂出

原則，如飲料按杯、按瓶、按缸、按時間計費，每人供應免費之杯數等。

(三) 茶點規劃：

會議中間的休息時間安排茶點是議程中必須要考量的，茶點時間可以使會議暫停，出席者休息吃些點心、喝點飲料、上洗手間、抽支煙，恢復及補充精力。也可讓與會者打個電話，或者與其他與會者做非正式的談話聯誼溝通。

會議時上午及下午茶點是一般會議都有的安排，因為出席人集中注意力通常在一至一個半小時之間，安排休息使會議進行更有效果。茶點時間大約以20至30分鐘為原則，太長影響議程安排，太短時間不夠，影響與會者準時進入會場。茶點應在議程規定休息時間15分鐘前準備完成。

茶點規劃應注意事項：

1. 地點布置：

(1)地點以會議室外附近的房間或大廳通道為宜，茶點時間結束不影響會議廳中會議的進行，而且也不會造成服務人員收拾善後的不便，噪音及忙碌都不妨礙會議的運行。

(2) 供應茶點桌擺設布置美觀典雅。

(3) 杯、盤搭配美觀，方便食用及整理。

(4) 茶點的菜單上午和下午的內容不應相同，為了出席者的體力和精神維持最佳狀況，規劃人可與營養師合作安排營養健康又多變化的茶點。

2. 上午茶點：

(1) 恢復精神、休息、上洗手間、交換意見、活動筋骨、消除緊張，通常20～30分鐘。

(2) 提供果汁、水果、咖啡、紅茶、小塊土司、甜鬆餅等。

(3) 不能給太甜的食物，提供不含咖啡因的咖啡及食糖替代品。

(4) 應考慮素食茶點的提供。

11TH ASA CONGRESS
OPENING CEREMONIES/DINNER

CIRCA 1912

PANDANGGO/POLKABAL HALLS
23 October 1994

M E N U

CREAM OF POTATO AND LEEK SOUP WITH HERBS

***

FILLET OF LAPU LAPU
with creamy lemon butter sauce
Parsley potato

***

GRILLED CHICKEN TERIYAKI
Steamed rice
Assorted buttered vegetables

***

COUPE MANILA HOTEL

***

COFFEE OR TEA

圖7-5　菲律賓馬尼拉大飯店國際會議晚宴菜單

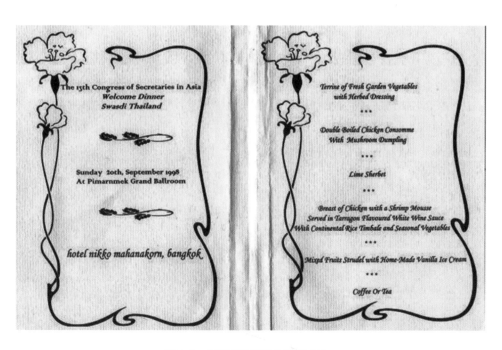

圖7-6　國際會議晚宴菜單之一

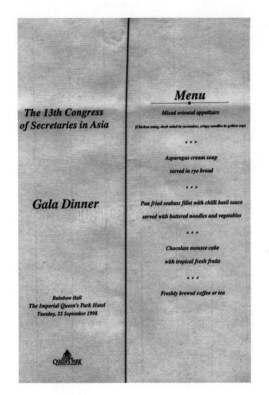

圖7-7　國際會議晚宴菜單之二

3. 下午茶點：

　　⑴ 下午精神、體力消耗較多，心情煩躁、無聊鬆懈，下午茶時間可調
　　　劑與會者的身心。

　　⑵ 提供提神或安定精神的食物、飲料，可準備咖啡、茶、果汁、礦泉
　　　水、養樂多或是鹹的食物。

，　⑶ 下午茶不供應甜點，避免會議時昏昏入睡。

四、規劃飲品功能

　　飲料提供可根據出席人數選擇按杯、按瓶、按缸或按人數來付飲料費
用，人數少按杯計算，大型團體按瓶或缸較為有利。至於酒精的飲料提供
應有規定，日間活動盡量減少酒精飲品以免影響會議的進行，晚間可適量

提供酒精飲品，不過為了控制預算，主辦單位可限定每人免費的杯量，或是提供付費吧台，付費使用。

(一) 酒精類飲料：

1. 了解各種酒類的成分、熱量、濃渡、價位等。

2. 全套飲料安排（Full Package）通常有消費時間限制。

3. 配套飲料安排（Limited Package）通常以份量限制。

(二) 酒精飲料使人思慮鬆弛或影響情緒，要小心使用。

(三) 控制消費的方法：

1. 晚餐前的餐前酒控制於30至40分鐘，不要太長。

2. 晚餐上供應礦泉水或加檸檬的水供選擇。

3. 餐中原則提供1～2杯的免費酒。

4. 餐廳旁有酒的吧台提供付費的飲料。

5. 上午餐前不要安排雞尾酒會或接待會。

6. 放置酒類的飲料處與水果湯、果凍、果汁放一起，可以減少酒的消耗量及其成本。

7. 提供多變可選擇的飲料種類。

8. 晚餐後如仍有議程，可安排30分鐘輕鬆活動或比賽，用以消耗其酒精、碳水化合物，而不致影響接下來的會議精神。

第八章　會議前之計畫作業

會議的策劃籌備工作有些大型國際會議長達數年，有些較小型會議也要一年。會議前的計畫作業，包含設定會議目標及主題，計畫會議議程，擬定會議預算，選定會議地點和場地，選擇住宿旅館，規劃會議設施，協力廠商的聯繫與訂約，行銷推廣計畫等。現分別說明如下：

一、會議籌備準備項目

(一) 會議目標及主題（Objectives）

1. 目標及主題：

　　會議的第一個步驟就是決定會議的目標及主題，會議的目的（Purpose）是什麼？想獲得什麼成就（Accomplish）？要傳達什麼訊息（Message）？

2. 會議型式：

　　是以何種方式將會議主題訊息向全體參加者傳達？還是將節目分成幾組，以不同議題分組討論。會議議題是藉由多媒體方式呈現，由主講人以視聽器材輔助演講方式表達，還是以實物展現示範說明，聽眾相互討論，或是數個研討方式相互使用。不論採用哪種會議型式，都要在會議籌備初期就要確定。

(二) 前置計畫（Pre-Planning）：

1. 決定與會人員：

　　在參加會議的機構或組織中決定需要參加會議者，是否需要邀請配偶隨行？籌備時要根據過去資料精確估計參加人數，寧可高估一點參加人數，畢竟取消房間和設備較臨時增加容易些。

2. 研擬收費標準：

　　參加會議的支出有機票、路上交通、旅館住宿、稅金、服務費、自費餐飲、社交活動、娛樂活動及預算外支出等，會議可以根據是否負擔機票及住宿，或是選擇性參加某些項目者，或是隨行眷屬之收費規定等，擬定

報名收費標準。

3. 會議推廣活動：

　　決定正式會議前做多少推廣活動，促銷會議以吸引更多與會人數參加，諸如召開記者招待會正式宣布會議的舉行；發送會前各種推廣活動邀請函；不斷的提供會議資訊給相關媒體發布新聞；利用廣告促銷等。

4. 決定會議時間及會期：

　　如果會議時間可以有選擇的彈性，不必在旅館旺季時舉辦會議，則訂會議的住宿旅館就可方便許多，如果會議是在週末時間訂休閒度假旅館也較不容易。因此決定會議時間應核對會議地點之國定假日及宗教慶典、比賽的競技、社團的活動及當地選舉前後，避免與這些大活動在同一期間舉行會議，會議日期也要選擇要對大多數與會者方便的日期。

(三) 選擇會議地點（Destination Selection）：

　　除非會議地點是大會決定或是與會者多數指定的地點，否則應選擇一個方便的地點舉行會議。選擇會議地點可考量以下因素：

1. 決定地點：

　　會議的地點影響與會者參加會議的興趣，特別是與會者要自負全部或部分費用的會議，會議地點是其決定參加與否的重要原因。定期舉行的會議每次應選擇不同的地點輪流舉行，可以比較以前會議舉辦之地點條件，這次如何吸引更多的參加者？這次會議要擴大舉行嗎？將可以想得到的地點都列出，然後考慮天氣狀況、娛樂設施、夜生活豐富、吸引的旅遊地點、形象認知等因素，以參加人士的立場選擇會議地點。

2. 會議地點人口統計因素：

　　根據會議地點城市周邊人口的平均年齡、性別、行業、年收入、常坐飛機及旅行、旅行僅為參加會議等統計資料，加以分析，將有助於選擇合適地點，吸引周邊較多當地人士參加會議。

3. 便利性：

會議地點有足夠的交通工具方便抵達，減少與會者旅途的時間。

4. 稅率問題：

有些國家牽涉扣稅問題，會議地點是國內、國外或是公海的郵輪上，稅率規定不同都要了解清楚。

5. 訪視會議計畫地點：

可與航空公司聯繫提供優惠機票訪視會議地點，許多會議與訪客局為了推展當地的會議及觀光產業，也可安排免費的機票給會議計畫者使用，一些會議及獎勵旅遊雜誌也可提供很好的會議地點資料及優惠的旅館及設施費用，增加選擇會議地點的資訊。

(四) 會議場地及旅館選擇（Site Selection）：

會議籌備在討論會議日期時，確定不會因內部或外在因素改變後，才選定日期。接著決定地點及會議場地及旅館。選擇場地時，從機場到會場的交通與交通費與所需時間都要列入考量。會議規模過大，住宿工作可委請會議公司專人處理訂房事宜。會議場地可以選擇在大旅館、會議中心或是其他適當場地。

1. 旅館場地（Hotel）：

　(1) 旅館類型：附設會議設施的旅館或是設有住宿的會議中心是很方便的會議場地。休閒度假旅館或會議中心適合團體舉行會議，將會議與休閒聯合舉行，或者與會者要延長停留時間，也是一個適當的考量。機場或過境旅館適合短時間會議，對於趕時間的與會者交通方便接近會議場地，是選擇機場附近旅館很重要的考量因素。城市中心的旅館如果條件優異，是頗有吸引力的會議場地，但是這也要視城市本身的條件而定。

　(2) 價位：雖然價位可以有很大的談判空間，但是場地費用占了會議經費支出很大的比率，預算是決定會議場地及住宿最重要的因素。

　(3) 場地方便性：住宿房間、會議室及活動地點距離不能分散太廣，而

且必須與主辦單位的工作辦公室距離適當，才能在會議時準時安置各種設施，掌控所有的活動。

舉辦大型會議時，大會建議的旅館家數不宜過多，如果會議與住宿不在同一旅館，住宿地點位置距離會場走路在5分鐘左右，車程在15至30分鐘以內為佳。

⑷ 活動空間：會議可能安排很多的活動項目，如果會議與其他機構的活動在該地點同期間舉行，不但場地受到限制，活動亦會受到干擾，並且服務的品質一定受到影響。所以大型的會議最好在大飯店或是會議中心舉行，場地的活動空間較為寬廣，活動區域可以分隔開來。

⑸ 查核住宿資訊：會議場地都有會場銷售業務人員，會議舉辦機構在與業務員談判訂約之前，盡量會晤會議服務、餐飲提供及各類有關工作人員，審查其員工的態度與工作效率再決定會議的場地。

2. 會議中心（Convention Center）：

大型會議會選在城市會議中心召開，會議中心提供完善的設備及專業會議服務，是非常理想的會議場所。會議中心大都設在交通方便、周邊商業機能、生活機能方便的地區。在城市會議中心附近也有各種類型的旅館提供參加會議者住宿方便。城市會議中心並有面積廣大的展覽場地，會議展覽可以同時舉行。

郊區的會議中心提供開會時會議場地、住宿、餐飲的服務，而且此類會議中心大都有休閒度假的附帶功能，是頗適合攜帶眷屬同行的會議場所。

3. 其他場地（Others）：

現在許多與學術有關的會議常利用大學校園舉行，一方面大學會議資源豐富，校園有完善的會議廳及設備，也有頗具規模的餐廳提供餐飲，合乎水準的招待所提供住宿；一方面大學有一定的學術地位，會議所需的專業人才及演講者都可方便支援。

4. 展覽場地：

　　許多會議同時辦理展覽活動，小型展覽可以在旅館適當的場地舉辦，大型的展覽就要在大型會議中心舉辦。主辦單位根據展覽目的、展覽的型式挑選展場，展場選擇要考慮的因素包含：展場有足夠的空間、展場租金合適、設備周全、展場人員的專業經驗豐富、展覽場地美觀等。

㈤ 擬定議程（Program）

　　議程應根據活動項目安排恰當時間，選擇適當場地，使與會者在身心都能配合之情況下完成會議之議程。

1. 議題設定：會議的議題通常由主辦單位決定，會議目標為啓發知識、提供資訊、或是聯誼為會議的議題，則議題設計就針對會議之需要為基準擬定議題。

2. 主講人邀請：會議開幕、閉幕典禮會邀請貴賓作演講人，而會議的重點則是針對每一議題邀請專家學者演講，如何擬定題目、演講的時間、需要配合的項目等，都需要花長時間之溝通協調才能定案。

3. 會議活動全程表：議程項目包含：專題演講、發表論文、展覽活動、社交宴會、旅遊、參觀活動等，所有的議程節目、時間分配、主持演講等，都要製作完整的節目表，雖然在正式會議前節目表內容還是可能更動，如有更動應將資訊在會議網站更新，使有意或已報名參加會議的人士了解。

二、促銷、宣傳與公共關係

　　會議參與者的主要目的固然是與會者希望藉著國際會議吸取最新的教育資訊，更新專業知識，同時也藉著會議期間的聯誼交流建立與會者之間的關係，開拓其事業商機。為了吸引更多的會議參與者，會議推廣促銷是增加潛在出席者很重要的會議前置工作，僅就促銷（Promotion）、宣傳（Publicity）與公共關係（Public Relation）分述如下：

圖8-1　會議議程標示版

(一) 會議促銷：

　　會議的行銷計畫最主要的是開發潛在的市場，哪些人士是預期或可能的出席者，組織會員及過去會議參加者的名冊資料的取得是很重要的，對於人口資料及相關行業人口統計的分析，評估可能參與會議的人口。如果無法得到會議出席者的檔案資料，則可能需要透過設計問卷發放的過程來確定會議的需求，會議的行銷策略也要適合目標市場。

1. 促銷對象：

　　會議的主要收入來自參加會議者的報名費，所以將會議有效的宣傳促銷出去，吸引廣大的與會人士是重要的推廣工作，尤其是會議的資料要對潛在的出席者提供初步的印象，進而產生興趣參加會議。會議應有基本的參加人數以平衡會議的基本開支，如果會議希望能獲得收益就更需要開創出席會議的人數，因此就要提出一份精簡清晰的行銷計畫書。

2. 促銷策略：

　　促銷依所蒐集的資料，擬定促銷策略計畫，如為企業內部會議，出席

者皆有預定，除了發放通知及會議資料之外，就不必要有促銷會議的步驟了。促銷可以廣告、宣傳、推廣、公共關係等方式為之。

　　促銷企劃書目標對象明確，使用的策略可以有效的到達特定的市場。宣傳促銷的對象不僅是吸引參加會議的潛在與會者，也要對可能提供贊助的單位、貴賓、演講人及一般大眾宣傳，打響會議知名度，加強募款的效益，引起演講人及貴賓參加的興趣。基本上設計引起注意的DM是最常用的方式，如何在一大堆的印刷品中抓住收件人的眼光，是設計的一大挑戰。

　㈡會議宣傳

　　宣傳是將會議的訊息傳遞給社會大眾，使有意者踴躍參加會議，而宣傳最有效的工具，就是藉助廣告及宣傳將會議的資訊發布出去。

　1. 廣告：廣告內容要對不同的閱讀者產生有效的價值，從而產生參加的興趣。會議廣告刊登以與會議相關產業專業領域之刊物為主要訴求對象，這也是會議主要參加者的來源。同時在相關產業的電子網站上作連結，或是利用電子郵件方式發掘潛在會議參加者。

　2. 宣傳：寄發大會通告及海報宣傳品給國內外有關機構及會員。大會網站宣傳效果最快最遠，所以資料的內容更新，更要注意時效及正確，以確實發揮電子媒體的功效。在有關雜誌刊物登廣告，國際相關組織及駐外單位推廣，也是會議宣傳要考量的方法。

　　發放會議的DM（Direct Mail）項目：

　　● 會議的提示卡「Alert」

　　● 回覆卡

　　● 簡介：最初簡介、議程、媒體的新聞稿

　　● 會議地點、場地、交通的文宣資料等

　3. 會議宣傳資料的蒐集：蒐集會議與企業組織的翔實資料，作為會議促銷及公關之用，其資料內容包括：

　　⑴ 會議地點的設施和名勝：著名風景、旅遊景點、遊樂場、度假勝

地、賭場等。

⑵ 會議地點的特別活動：文化藝術民俗活動、比賽、宗教節日、拜拜等。

⑶ 會議本身的活動：演講、打高爾夫、表演團體表演、宴會、娛樂、
競賽、旅遊等。

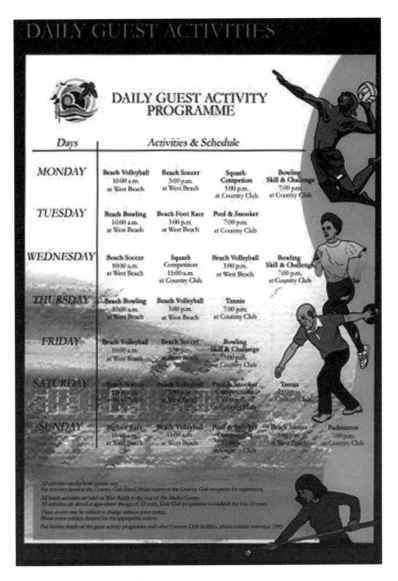

圖8-2　會議場地提供的活動

圖8-3　會議場地提供的活動

(4) 會議特別的議程或內容、人物：新的資訊、問題解決方式、特別人物等。

(5) 演講人或名人的介紹照片

(6) 會議的論文大綱

(7) 會議的日程表、分組的活動或社交節目（EVENT）

(8) 會議當地氣候資料

(9) 服裝的建議

(10) 空中、地面及場地車站交通的資訊

4. 推廣促銷：推廣會議的訊息、訂定推廣時間表、控管時間表、郵寄和刊登廣告時間、蒐集郵寄名單、考量郵費的預算等工作。

⑴ 促銷時間表

專業會議管理協會PCMA（The Professional Convention Management Association）建議會議行銷時間表如下：

- 一年前：大型會議一年前發出第一次會議資訊如會議日期、地點、主題等。
- 6～9個月：把全套刊物寄給相關的組織機構，會議網頁應該提供完整資訊，並有報名表提供報名。
- 5～7個月：在有關會議的刊物上刊登廣告。
- 4～6個月：寄出第一次簡介，開始提早報名優惠報名作業。
- 3～4個月：寄出第二次簡介及提醒函，內容可以與第一次的相同。
- 2～3個月：寄出最後的簡介及提醒函。
- 2～6週：贈送會議活動票券及最後的節目表給社交界人士。

⑵ 節省的行銷觀念

    A. DM評估其成本及效益

- 印刷及郵資：內製或外包製作
- 效益是否影響潛在的出席者
- 媒體簡介評估多少聽眾接受到訊息
- 會議地點場所及交通文宣與促銷資料：提供名單由當地有關機構或業者發送
- 簡介規劃：封面、標題要吸引人，提供完整資訊

    B. 印刷成本控制

- 尋找比價印刷廠商
- 訂立期限、簽定契約
- 廠商要有足夠的庫存原料，以便臨時追加時之需要
- DM的規格大小，用信封寄或折疊直接寄

5. 公關宣傳：最主要的工作是新聞稿及召開記者招待會。藉助重要贊助

機構、著名演講者之參加，廣為宣傳。說明提早報名或團體報名之優惠辦法，多采多姿的會議社交活動安排，會議地點旅遊觀光景點等，吸引大眾有興趣參加會議。

(三) 媒體與公共關係

有效的公共關係運作，使會議的資訊透過媒體報導與公共關係的各種動作，如舉行記者會、發布新聞稿等，傳達會議內容、強調會議的重要，加深與會者及社會大眾對主辦單位的印象，吸引更多的人數參加會議。

1. 媒體運作（Media）：

(1) 平面或電子媒體發布會議新聞。

(2) 將會議前之資訊發表在有關商業出版品上。

(3) 利用地方媒體吸引本地與會者參加會議。

(4) 發布媒體有興趣的及吸引人的會議主題、文稿及照片。

(5) 訪問參加會議的名人，重要學者專家及名人是媒體注意的焦點，可以作為號召增加會議的曝光率。

(6) 設置新聞室或新聞中心，給媒體人員使用，布置舒適周到，準備電腦、傳真機、電話、影印機等完備的通訊設備，提供媒體需要的資訊。

2. 公共關係（Public Relations）：

(1) 媒體關係建立：確認媒體名單，建立與新聞記者的聯絡管道，提供資訊，邀請參加記者招待會，安排採訪及負責媒體記者接待工作。

(2) VIP接待、安全，及公關接觸：掌握VIP名單、頭銜、地址，安排貴賓、重要演講人等的接待安全工作。與貴賓所屬機構及幕僚的聯繫、協調和溝通。

(3) 各有關部門的往來：與會議直接、間接有關機構、政府機關、贊助團體及有關企業保持聯繫溝通，邀請參加會議活動。

(4) 知名人士的安全維護：保全人員、安全人員、警察機關聯繫合作。

(5) 大會錄影、影帶、照片拍攝及剪輯：規劃拍攝主題、對象、場景、

活動記錄等，影帶不但是大會的重要檔案資料，同時也可提供與會者購買，增加大會收入。

三、出版品設計與標籤製作

　　會議出版印刷品（Publication）資料繁多，應配合預算妥為規劃。以下為應準備之項目：

㈠ 會議印製品：DM、邀請卡、各種證件卡、名牌、感謝狀、獎狀、行李牌、餐券、各種標示牌、Logo或CI設計印製。

圖8-4　會議手冊封面及Logo

㈡ 會前使用之印刷品：信封、信紙、宣傳品等。

㈢印刷設計與製作：大會書冊之封面、內容、設計大會宣傳手冊。

㈣開會期間使用之印刷品：大會節目手冊、其他印刷項目、論文摘要集、與會者名冊等。

㈤視聽產品：製作會議演講、論文視聽磁片、影帶、錄音帶等，保存記錄檔案，也可在會場行銷增加大會收益。

㈥大會需要的標籤：Logo、講台舞台上用的標籤及橫幅、機場、接待桌、轉運交通工具、各處的指示牌、服務人員工作證等。

四、 後勤作業支援

會議計畫的項目千頭萬緒，後勤作業（Logistics）要準備的事項鉅細靡遺，因此應將每一活動的項目列出清單，整合成會議的完整手冊，保證會議順利進行。

㈠大會行政支援：

行政工作繁複，祕書處是主要的行政單位，此外一般行政、文書、財務，固定及臨時人員管理等，都是大會後勤支援重要的工作。

1. 決策主管：確認籌畫會議者、旅行社、當地支援企管公司、視聽器材商或其他供應商等其公司與會議主辦單位之聯絡人，以及主辦單位的計畫、價格或更改計畫權責之主管姓名職位，以便聯絡管道暢通。

   ⑴工作規範：訂定每一部門工作規範與員工個別職責，如業務、行銷、廣告等。

   ⑵活動總手冊：詳述與會者自抵達至離開的流程，與會者的行程常有變動，飛機誤點、改變班機，確認接機的航班與抵達時間，與會者辦好報到手續人數，以便調整餐食飲料的數量。最後還有每人離開的時間安排及送機的服務。

2. 主管機關文件往來：會議籌備期間與各有關機構之公文書信往來，各國出席者簽證問題之聯繫等。

圖8-5　參加國際會議證書

（二）交通服務：

1. 航空公司（Airline）：

　　會議出席者最常使用飛機作爲前往會議目的地的交通工具，近年來航空業者也盡其最大的努力促銷及貢獻其服務在會議產業中。會議主辦機構與航空公司承辦關鍵主管協商，以獲得有利的條件提供各地與會者搭乘，大會也會將航空公司名稱加入爲Official Airline 名單。會議目的地的季節或是旅遊旺季及淡季，機票的票價差距很大，大會與航空公司協商取得最有利的折扣，或是在旺季安排加班機載運與會旅客。

　　航空公司對參加會議者提供免費電話、查詢訂位、租車、食物要求等服務。大型會議甚至可提供與會者名單，請航空公司直接寄送會議目的地簡

介、旅遊刊物等資訊，提供與會者或其隨行家人會議前或會後旅遊參考。

國際大型會議參加會議之各國團體人數較多，可要求航空公司安排機場接待室，作為候機時休息之用。並請航空公司在會場或住宿旅館設置機票確認櫃台，方便會議出席者使用。

會議的行李特別安排，入出境特定櫃台設置，航空公司人員迎接協助快速通關等，都是航空公司可提供給大會出席者的服務。不過會議單位應將會議計畫提供航空公司承辦者參考，方能配合大會的需要。

2. 路上交通支援：（Ground Transportation）：

會議期間大會安排交通車的情況有機場接機送機交通車、會場與飯店固定巡迴交通車、捷運車站至會場固定交通車、晚會宴會之交通車、參觀訪問用車等。會議主辦單位可委託會議顧問公司承接此項業務，或者與交通公司直接訂約承包會議期間所有路上交通運輸工作。

(三) 服務支援（Services）：

1. 機場：歡迎標示，協助行李出關，安排坐大巴士、小巴士、計程車、小轎車或是旅館接送巴士等交通工具至旅館。確認機場標示、行李掛牌、及交通工具種類。

2. 旅館：清楚標示報到處、會議廳及其他活動場所，設置團體報到櫃台，團體的與會者可預先辦理報到手續，要求旅館將會議節目表放在旅館房間之電視視窗裡。

3. 服務櫃台：大型會議應設一服務台提供各種諮詢服務，協助與會者或家屬改變旅程計畫、飯店或是遊程預定。寄物、儲物、失物招領、醫護問題等的協助。

圖8-6　會展中心服務櫃台

㈣ 會議設施（Facilities）：

　　場地決定以後列出所有部門的職員名單和外部供應商，確定正確的運送和郵寄地址，與旅館接洽會議物品儲存的地點空間，以及會議前何時可以運送存放。如果會議在會議中心舉行則運輸公司是否可直接將物品運送至會場。會議前與旅館及運送負責人確定物品放置處，每一會議使用房間之安排，菜單確定及帳單付款方式等。

1. 會議地點與設備：會議時的活動有開幕、閉幕典禮大會會場，研討會、分組討論會場，展示會場地或攤位，休息茶點、酒會、晚宴、晚會場地。每一會議或活動場地都應按會議活動單及設施表詳細查核每一項目是否準備完成。

2. 會前會議設施檢查表項目

⑴ 會議桌：

● 座位數量：每場會議的座位數量，臨時可增加座位的方式。

● 排列方式：每場會議或活動場地桌椅排列之方式，是教室型、戲院型、U型（如圖8-7）等。

● 水壺水杯：桌上放水壺水杯供與會者飲用，或是提供其他飲料，或是茶水另置他處，與會者自行取用。

● 筆紙：提供紙筆或筆記本供會議使用。

● 糖果：放置糖果供與會者提神醒腦之用。

(2) 會議舞台：大標題、旗幟、鮮花盆景、演講台、發言台等設置。

(3) 電器設備：電腦、單槍投影設備、銀幕、有線或無線麥克風、雷射筆、幻燈機及普通投影機、台詞提示機等。

(4) 其他：白板、白板筆、布告牌或其他道具。

㈤ 會場工作人員（Staff）：

1. 正職及臨時工作人員：會場工作人員之工作內容、基本要求、人力規劃、人員之雇用等。

圖8-7　U型會議桌

2. 展覽需要之工作人員工作內容、基本要求、人力規劃、人員之雇用等。

3. 其他相關服務的安排：翻譯、花藝、辦公室事務機器（電腦及周邊設備、傳真機、投影機、影印機、電話線路）、辦公室家具和設備、保全、攝影、視訊會議、搬運公司、演藝代理經紀公司、裝潢公司、視聽器材供應商、管理顧問公司、電匠、膳食供應、學術機構等。

㈥餐飲安排（Food and Beverage）：

　　大會期間詳細食物、飲料書面資料，每一場餐飲規劃菜單，按預算控制餐飲成本，會議餐飲時間能按時提供食物及份量之保證。每餐的人數統計要精確，一般餐廳人數可以有5%的伸縮彈性。此外，應避免餐飲提供的熱食變成冷盤菜餚上桌，應提供微波爐使用的場合卻不能使用等等情況發生。

五、社交活動安排

　　社交活動（Social Program & Event）是會議另一項重要工作，是讓國外代表留下深刻印象最直接的方式，會議主辦單位都會不遺餘力精心設計包裝各種社交節目，期望會議舉行時能獲得與會代表及其隨行者的回響。國際會議之社交活動除了大會安排之歡迎、歡送晚宴及接待會之外，還會安排一些參觀、訪問、旅遊之活動。

㈠活動（Event）：

　　成功的活動因素視創新、預算、技巧及設施條件而定。所有活動的服務準則就是要使參加者獲得舒適周到的照顧，熱切的回饋，確保得到參與者的好感。

　　活動安排的地點、天氣因素及與會者的背景要能符合，例如在燠熱的夏天舉行室外餐會和表演，顯然不是大多數人都能適應的。

(二) 旅遊：

　　會議促銷的吸引方式之一是會議所在地的旅遊景點，這不但引起出席者的興趣，出席者也會安排其家人一起參加，為了會議時家屬可以參加一些特別活動，如遊覽觀光景點、參觀博物館美術館、音樂會、時裝表演、美食烹飪、民俗技藝活動、逛街購物、運動活動等。當然如果有小孩隨行，還要設計一些孩童可以參加的適合活動。眷屬旅遊安排要考量景點是否適合前往，遊覽地區及交通安全性，餐食及環境衛生條件合格，陪同人員或導遊的專業要求，路途便利及時間費用等。一般這類活動都是自費參加，通常只有包含在議程中的活動是大會招待的。

在台灣舉行國際會議可安排之旅遊活動：

定點觀光旅遊：故宮博物院、龍山寺、三峽祖師廟、鶯歌陶瓷、九份老

圖8-8　參觀活動

街、各地美食欣賞、野柳奇石、花蓮太魯閣、烏來等

藝文活動：中國傳統舞集表演、國劇、歌仔戲、偶戲團、醒獅團、朱銘美
術館等

運動休閒：高爾夫球、太極拳、太極門、SPA等

(三) 節目設計：

節目會以過去會議的歷史資料作為規劃參考，如參加者的年齡、職業、屬性、喜歡的運動、嗜好等，旅遊規劃可以委託旅行社辦理。為與會人士保留一些自由活動時間也是可以考慮的，不過大會應提供交通、飲食、觀光資訊以方便與會者自由行動。很多會議的旅館或休閒度假旅館本身就設計了許多成人及孩童節目，可以鼓勵參加利用。

會議的節目除了在會議宣傳時附在會議資料寄送會議可能出席者，以引起參加興趣外，會議舉行時也要將活動項目公布在大廳公布欄或飯店電視資訊系統中，有些臨時有興趣參加者也可有機會加入。

1. 安排原則：活動項目及規模應視預算、人力、時間量力而為。

2. 活動種類：開幕及閉幕晚宴、酒會、大會旅遊、眷屬活動及旅遊、產業參訪、展覽、運動比賽、商機聯誼、晚間活動等。

3. 報名方式：網站、傳真、信件預先報名，現場報名。

4. 付費方式：免費參加、優惠付費參加、全額付費參加。

六、視聽設備安排

會議視聽設備（Audio Visuals）的安排分述如下：

(一) 會議視聽設備的重要

會議室與視聽設備之間的關係密切，視聽設備的安排影響會議室座位的容量。因此要注意座位安排對於視聽的影響，並對會議場地視聽設備做好調查，了解視聽與舞台之間的關係，視聽設備的協力廠商與成本考量，

圖8-9　眷屬室外活動

圖8-10　歡迎晚宴——民族舞蹈表演

預算的控制，並應與演講者密切配合。會議室本身設施對會議也有很大的影響，如天花板、牆壁、地板、柱子、窗戶、鏡子、門、電力、出口等都會妨礙會議的視聽效果。

㈡ 會議場所視聽設備：

1. 放映設備：幻燈機、投影片投影機、實務投影機、16mm投影機、銀幕、投影機架、視訊設備、電腦附屬設備等。

2. 音效設備：麥克風、錄音、室內音響、擴音器等。

3. 特殊視聽系統：多媒體同步翻譯設備及人員。

4. 工作人員：安排視聽操作與維修專業工作人員，配合各項視聽設備使用。

七、會議前作業安排

會議前會議主辦單位各組工作的核對，以及與提供會議場地者之間的最後協調，是非常重要的工作，各組負責的工作項目與有關平行各組的協調溝通，與場地提供者雙方規劃毫無偏差才能確保會議及活動成功。會議前有幾項重要的工作必須完成：

㈠ 各工作小組工作檢查核對：

1. 祕書處（行政組）：與世界總會、各國總會與會人員聯絡，大會祕書處地點及供應品安置，緊急機構聯絡管道確認，貴賓長官邀請節目主題時間席位確認，大會文書印刷資料，紀念品、禮品，註冊流程、資料、人員配備，通譯服務，會計付款流程，現場報到收費等確認。

2. 議事組（學術組）：大會活動日程表確立，大會各項議程之主席、演講者、通譯、祕書、記錄人員安排，活動場所位置、指標、容納人數、空調溫度燈光、席位安排，視聽設備要求，茶水文具。

3. 典儀組（節目組）：開幕典禮布置，典禮程序，司儀、接待、工作人員安排，各主題晚宴安排，參觀訪問、交通安排，節目表菜單、餐桌、席次，餘興表演節目安排。

4. 公關組（接待組）：各媒體聯絡記者名單，新聞發布資料，記者招待會場次及主題，各機關協調，訪問安排，貴賓名單與接待，視聽攝影記錄，機場接待櫃台，會場服務台，貴賓接待、安全。

5. 住宿餐飲組：住宿房間數、類型、天數，餐飲類別、場地、人數、布

置、菜單，茶點時間、場地、人數確定。

6. 交通組：機場至旅館交通接送，旅館至各會場交通，參觀、訪問、外地用餐交通。

㈡ 會前協調會：

會議正式開始前一兩天，要與會場主要工作人員舉行會議前的協調會（Preconvention Meeting），檢視會場設施是否準備妥善，審核各項活動表單是否完備。會前協調會除了大會主辦單位有關人員外，會議場地的有關人員亦應參加，包括會議服務專業經理、餐飲部及宴會部經理、廚師長、客房部經理、前廳、庶務、娛樂等部門代表等。

會前協調會其討論要項為：

1. 與場地人員協調：

許多提供會議場所的旅館和會議中心都設有專門的會議服務經理或宴會部經理，負責與主辦單位協調場地準備工作，因此在會議籌備期間，會議服務經理會多次與其有關部門主管與員工舉行會議，討論準備事項，排除可能發生的問題。而在與主辦單位的會前協調會之前，更要對會議時每個人的工作及所有細節做最後的確認。最好設計詳細的表單方便審查及管理，諸如會議日程表、各項活動單、客房住宿表、餐飲確認單、會場布置及提供設備表、視聽器材租借單等。場地準備妥善之後，再與主辦單位舉行會前協調會議時提出詳細資料，做最後之協調溝通確認，正式會議時才能圓滿成功。場地參與協調會議的單位應包含客房部、餐飲部、宴會部、前廳部、安全部、總務（庶務）部、娛樂休閒設施部門、公關部等。

2. 會場標誌製作及放置位置：

除了會場之標誌外，大會亦製作統一規格之大會標誌，會前檢查會場各有關指示標誌名稱及放置位置。如大會辦公室和服務區、報到處和大會服務處、會議室標示、交通車窗口和車站處、大會詢問處、會場入口處、各分組會議或活動場所等。

3. 工作人員工作時間表和注意事項：

制訂會議期間每日工作時間表、操作手冊、大會各組及部門聯絡人名冊、會議場地各有關部門聯絡人及電話。

會前將會議活動單（Function Sheet）、會議的總人數、客房占用數等項目詳細檢查，要求工作人員的工作全部檢查核對一次，確保會場會議進行順暢，住宿周到安全，各項交通安排沒有疏漏，司機人員的禮儀訓練、安全要求等，都要在會議前協調溝通及要求。

㈢ 設置會場辦公室

1. 設置大會祕書處：

在會議前數天在會場適當房間設置大會祕書處，作為大會對內對外聯

圖8-11　會議舉辦城市之宣傳旗幟

絡窗口。祕書處在會期間是大會行政管理辦公室，大會各組皆派工作人員在會場辦公室處理會議期間的事務。

圖8-12 會場會議室標示牌

　　祕書處進駐會場後，除了會務工作外亦召開會議前協調會議、會議期間檢討會以及會後撤離會議場地安排等事宜。

2.大會資料運送儲存：

　　國際會議的地點與大會籌備處地點往往不在同一地點，辦公處所也不會在開會的場地，因此會議舉行前要將會議的資料及設備運送到會議場所，大會要與運輸公司協商交通運輸工具、時間、價格、付款方式，保留一些可能延遲的彈性時間。

　　籌備單位要與場地供應者協商物品運送或郵寄的地址，確定旅館或會議場地的儲存空間，會議前多久可以存放會議物品，如果在會議中心舉行會議是否直接將物品運至會議的房間，會議主辦單位應與會場協調安排適當房間。

　　會議前大會現場所需之設備、出版資料、用具等，皆在會前運送會場

儲存，運送資料應列運送物品清單，指定資料運送負責人員以免運送產生疏失。

運送的箱子上要註明：

(1) 會議資料名稱、編號

(2) 收件人、寄件人

(3) 會議名稱

(4) 會議日期

(5) 會議室房間編號、名稱

(6) 會議計畫負責人姓名

運送會議物品裝載帳單、運送標籤、簽收單、指示工作單等有關單據，都要妥善保存以便轉交主辦單位，若有爭議亦可作為憑證。

㈣ 預演與溝通：

1. 預演：會議前一天安排預演，檢查現場準備事項是否完備。

(1) 報到程序：會前報名、現場報名、名牌、餐券和收據、電腦報名作業等。

(2) 現場溝通：會前協調會、電話、無線對講機和呼叫器、服務櫃台與留言中心、工作人員簡報、總部作業。

(3) 危機管理：危機預防、危機事件演練。

2. 溝通：會議主辦單位在與會者報到前的溝通是確保會議成功很重要的因素，會議主辦機構對會議的需求及期望，90%的準備工作都應完成，會議開始後除非是額外的需要，否則各項工作皆應按預定的要求進行。需要溝通確認的事項諸如：

(1) 會議室場地確認：每一會議場地、時間準備好，會議與會議之間場地的整理，會議廳與晚宴場地相同，桌椅排列、布置的調整、人手的支援安排妥當。

(2) 住宿的安排：保證已預定與會者住宿的房間，房間之配備齊全，提

供免費接送交通工具，電話的優待額度等。

⑶ 餐飲：餐飲場地及時間確認，茶點、場地布置安排確認。

⑷ 各項供應商：要求供應商提供的服務都要做最後的確認，並保證會
議期間如有需要，供應商應於約定時間到場提供服務解決問題。

總體來說，會議前的工作越周到，現場發生事故的機會越少，所以會
議前各組工作人員要各盡其責將分組工作做好，檢查再檢查，核對再核
對，務必在會議時不會出差錯。此外，會議籌備期間各工作小組橫向聯繫
溝通也是非常重要的，會議項目有一項有所變動，就要聯繫其他有關連的
小組及時修正，例如講員更換就牽連到議程規劃、接待單位、住宿安排、
財務等問題，所以會前的整合作業是不可疏忽的重要工作。

參考資料

Checklist For a Successful Meeting

Meeting：

Location：

Dates：

Meeting begins： _____ a.m. _____ p.m.

Meeting ends： _____ a.m. _____ p.m.

Sales contact：

Address：

Telephone： Cellular phone：

Email：

Attendance

1. Total attendance number：

2. Transportation to meeting：Airport ,Bus, Drive car

Location

1. Number of Rooms：Single, Doubles

2. Check-in time　　　Check-out time

3. Free parking

Billing Arrangements

1. Arrangements made

2. Charge arrangement

Guest

1. Name

2. Transportation arranged

3. Guest speakers

Meeting Room

1. Number of rooms

2. Types of rooms

3. Size of rooms：Length, Width, Height

4. Seating Arrangements：Classroom, Conference, Theatre, Head table

5. Coffee breaks arranged

6. Registration table arranged

7. Adjoining rooms：how separated

8. When room be available

9. Equipment set up　　　Staff to help

10. Dinning in same room

11. Diagram of seating

12. Outside guest arrangement

13. Miscellaneous items：pens, paper

Audio Visual Requirements : Tested and be sure working before presentation

1. Echoes checked
2. Audio equipment plugged and checked : mikes (Numbers, Mike cords long enough, height) ,speaker placement adequate
3. Projection station : sturdy and rigid, high and wide enough, distance, extension cords
4. Room lighting
5. Room temperature
6. Air condition
7. Screen : size, electrical controls
8. Seating : viewing adequate
9. Equipment information : types
10. Audiovisual material
11. Personnel scheduled : all operators appointed for equipment

Food & Beverage Needs

1. Menu selections
2. Prices set
3. Number of tables
4. Place cards arranged
5. Room cleared
6. Bar facilities : location, type liquor served, charge arrangements
7. Diagram for room setup : deadline for setup
8. Times for coffee breaks, reception arranged

Registration

1. Time required

2. Name tags required   Personnel arranged

3. Number of tables   Chairs

4. Equipment：Computers, signs, telephone, paper & pens, water & glassed, lighting, Bulletin boards

Exhibits

1. Number

2. Setup date   Dismantling date

3. Display company

4. Room assignments & daily rentals

5. Labor charges

6. Partitions, backdrops

7. Storage of shipping cases

8. Guard service

General Conference Items

1. Notices mails   Follow-up notices

2. Kits being used ready

3. Agenda ready

4. Special equipment needed   Equipment rental arranged

5. Signs & bulletin boards arranged

6. Photographer needed

7. Information provided to presiding members

  （Agenda, Information for introductions, Head table seating list）

Publicity

1. Advance publicity

2. Press conference requires for major speaker（TV, Radio, Papers）

3. Coverage of delegates, award winners

5. Follow-up release necessary

Evaluation /follow-up

1. Critique session

2. Follow-up minutes, Materials

第九章　會議現場管理

現場管理是指會議正式開始，從與會者陸續抵達報到註冊到會議結束離開期間之所有的工作，這些工作要能確保大會期間活動及節目的按時順利進行，因此現場工作人員及各供應商的配合就是關鍵了。現場管理也是會議長期籌備成果的展現，多時的辛苦就要在這短短的會議期間表演出來，每一個環節都會影響會議的成敗，這也是會議工作者最大的考驗。

會議規劃人或負責人應在會議幾天前抵達會議地點，與人事部門、旅館員工、供應商及其他主要人員接觸面談，了解每一項工作是否按進度完成，有沒有問題尚未解決。會前面談盡量涵蓋負責之有關部門及人員，諸如前廳經理、業務經理、大會服務經理、餐飲經理，以及接待櫃台、會計、警衛、水電工、門房等工作人員。

一、註冊與報到

國際會議正式開始第一個現場的工作就是報到與註冊，對於大多數與會者而言，參加會議都是首次訪問主辦國家，會議的成功及聲譽是視他們停留在該地受到的歡迎和接待而定。而與會者對大會的印象也是由到了住宿地點或會場開始為會議打起分數。會議管理者掌控參加會議人數是很重要的，大會總出席人數和每一項活動的出席人數都要作統計表格，一方面掌控人數配合現場活動的舉辦，另一方面大會之後統計分析出席者資料，作為下次會議規劃參考。

會議的報名註冊方式通常有兩種方式，分別敘述如下：

(一) 會前報名：

國際會議的網頁上會有詳細的報名表格式，有些會議會要求國外的與會者和本地的出席者分別填寫不同的報名表格。報名表上註明會前報名的期限費用優惠辦法，一般三個月前報名優惠最大，而採用這期限報名的人數也最多，大約占總人數60%左右，籌備委員會也是根據這個人數估算會議的參加總人數。

會議的報名表內容包含：

1. 會議報名的方式：

   ⑴ 全程參與費用：如果以這種繳費方式報名參加會議，議程中所有列出的大會安排項目如大會、研討會、茶點、酒會、開幕和閉幕晚宴、大會招待參觀旅遊，以及大會贈品、論文等皆包含在費用之內。

   ⑵ 單項活動報名：如僅選擇報名付費參加某幾天或某幾場的研討會，或是報名開幕或閉幕晚宴等活動，就只能參加所選擇的活動。

2. 會議報名者的方式和身分：

   ⑴ 與會者的基本資料：參加資格身分、姓名、公司、職稱、眷屬及隨行人員基本資料、聯絡方式等。

   ⑵ 個人報名：會員或非會員、在學學生，報名費有不同的規定，學生身分參加會議，除了需要學生證明外，大部分的社交活動都要另外付費才能參加，大會的印刷論文著作有時也要另付費購買。

   ⑶ 團體報名：團體報名的基本人數達到規定，有些大會會給予折扣的優惠。

   ⑷ 隨行人員或眷屬：報名期限、人數限制、費用規定都有說明，通常社交活動費用需要另外付費。

3. 收費方式及退費規定：

   ⑴ 收費方式：會議報名表內會有信用卡、電匯、支票、劃撥等付費方式說明。

   ⑵ 退費規定：報名表中應詳列退費期限、手續費用、退費比例等規定。

4. 住宿資訊：

   ⑴ 自費住宿：大會提供數家住宿旅館及價格，由參加者自行填妥優先順序住宿表格與報名表一起送出，籌備會住宿小組會統籌彙交由各旅館安排，參加會議者應注意是否收到住宿旅館確認回函。

   ⑵ 報名費含住宿費：有些會議在報名費中就含有住宿費用，除非有額

外需求否則不需另行繳費。這類會議規模在500人以下，常在會議設施完善的大飯店舉行，會議、住宿和餐飲都可在同一個場地完成，減少會議舉辦單位的困擾。

5. 特殊需求：報名者之特殊飲食要求，身體行動不便，住房的等級型式要求，交通接送安排，收據、邀請函抬頭等，都可在報名時註明，大會都會盡量安排。

(二) 報到註冊區規劃：

工作小組於會議召開前一個月，依實際報名人數、國別、場地大小規劃設計報到區及報到流程。報到區通常分：國外區、國內區、現場報名區、貴賓區、記者、旅遊台及服務台等。

圖9-1　會議報到櫃台之一

大會報到地區地點應適當、空間要寬敞，「報到處」的標示字體要清楚、放置位置及高度適當。註冊窗口一致，多個櫃台同步作業，使報到的流量暢通，縮短大量與會者同時抵達時的報到時間。與會議相關業務櫃台如參觀旅遊登記、交通及航空服務櫃台、大會服務櫃台等應盡量集中於同

圖9-2　會議報到櫃台之二

區域，方便工作人員及與會者或家屬聯繫。

 1. 報到流程：報到因會場及住宿在不同地點而程序稍有不同：

  ⑴ 會議場地與住宿在同飯店：

   會議報到→領取大會資料袋→住宿登記（Check In）→參加會議

   一般參加會議人員在正式會議開幕前一天到達者最多，要多設幾線報

   到櫃台。大會也常在這晚安排隆重歡迎晚宴歡迎嘉賓，次日即正式展

   開會議活動。有些與會者不全程參加，僅選擇參加特別的場次會議，

   所以大會在會議期間仍設一報到櫃台，方便零星的與會者註冊報到。

  ⑵ 會議場地與住宿在不同地點：

   住宿旅館登記→會議報到→領取大會資料袋→參加會議

   會議場地與住宿不在同一地點，與會者多半會先到住宿旅館辦好住

宿手續，會議開幕再到會場報到。不過大型的會議都會在大會合作的旅館連線設置大會報到櫃台，方便與會者不必會議開幕時再到會場報到，大會也可避免報到時之擁擠情況。若是當地不需住宿的與會者，則會直接在會議場地辦理報到及領取會議資料。

圖9-3　旅館報到櫃台

2. 事前報名者報到：為了與會者報到快速，大會將與會者之名冊可以姓氏英文字母順序、按註冊號碼、按國別及團體編排，非全程參加者按參加場次每天或每場報到。

3. 現場報名者處理：許多當地與會人士會在會議開始才臨時報名參加會議，因此大會應安排現場報名事宜。處理現場報名應注意下列事項：

(1) 填寫報名表。

(2) 繳費註冊（應事先準備零錢）。

(3) 如有接受刷卡，應申請電話線路及刷卡機。

⑷ 現場開立收據。

⑸ 現場製作出席證。

⑹ 準備資料袋、餐券、入場券等。

圖9-4 會議代表名牌

4. 其他與會者報到：貴賓、講員、記者、表演者、參展廠商等可設專門
   櫃台安排專人接待。

5. 服務櫃台設置：設服務櫃台提供大會資訊、醫療服務、失物招領、訪
   客留言、寄物等服務。

6. 公告牌：大會應於會場適當地點設置公告牌，將大會最新消息公告周

知，諸如議程的調整、場地更換、活動及旅遊節目變動、大會資料、紀念相片登記販售等。

圖9-5　會議之公告牌

㈢ 工作人員及服務禮儀：

1. 人力規劃：

　報到區人力之規劃應注意事項：

⑴ 語文人力之規劃，應注意與會者之語言需求，安排合適之語言能力接待。

⑵ 依報到分區數量規劃合適之人力。

⑶ 應設立報到區總協調人一人，處理報到區之緊急狀況，並每日統計與會者報名狀況，回報其他工作人員以便正確統計出席人數，作為餐飲、交通等人數之統計參考。

2. 服裝儀容：

(1) 穿著大會規定的服裝。

(2) 上班服外加大會制服外套或背心。

(3) 上班穿著之舒適皮鞋，女性高跟鞋不要超過兩吋半。

(4) 頭髮清潔面孔清爽，女性應著淡妝。

3. 服務態度：

(1) 主動、積極、迅速的服務態度回答問題或協助解決問題。

(2) 微笑、耐心對待賓客。

(3) 協助支援同事工作。

(4) 工作時不宜聊天、吃東西、嚼口香糖。

(5) 站著與賓客講話。

4. 專業修養：

(1) 大會的組織、議程之了解。

(2) 熟悉註冊的流程。

(3) 熟悉註冊、報到電腦操作。

(4) 困擾與疑難問題與大會聯絡員協調處理。

二、會議場地管理

會議使用場地有大會工作室、會議室、休息室、貴賓室、講師預備室、記者室等。

(一) 會場祕書處：會議籌備期間祕書處是一個統籌計畫的中心。

1. 祕書處地點：會議期間主辦單位應在會場設有固定聯絡處，大會可尋找一個距離會議室不要太遠的適當房間作為祕書處，開會期間作為大會行政管理辦公室，大會各分組工作人員可在此處理行政文書、帳單簽核、內外聯繫等工作。

2. 祕書處設備：祕書處的辦公設備除了辦公桌椅等家具外，辦公應用之電

腦設備、印刷設備、通訊之電話、傳眞機等都要完備方便工作進行。

3. 儲藏室：會議會有大量的印刷文書資料、會議節目議程手冊、大會紀念品、禮品、布置材料等，最好在會場租用一間房間儲存，保管使用都較爲方便。

4. 祕書處工作人員安排：會議期間各工作小組會派人員在大會祕書處工作，不過會議時由於裡外事務繁雜、聯絡頻繁，大多數工作人員鮮少能固定留在辦公室內，所以祕書處辦公室內不可唱空城，一定要安排留守人員，負責接聽電話、內外聯絡、接待賓客和講員，及處理一般行政文書工作。

(二) 會場場地控管：

1. 會議需要的場地：會議議程活動需要使用的場地眾多，有全體會議的大廳、各分組會議的小會議室、茶點（酒會、茶會）場地、特別活動節目場地、貴賓休息室、講員預備室、記者室、展覽場地、家屬休息室等，每一地點使用的時間、需要的設備器材、音響燈光等都要以查核單仔細核對，避免場地衝突或銜接困難等情況發生，因此核對再核對以確保每項節目順利進行，是會議場地控管重要的工作。

2. 場地需要之條件：會議各種場地需求不同，每一個活動場地需要的設備、視聽音響、燈光及道具等都要一一核對準備妥善。會議場地安排也要注意噪音的干擾，有些大場地可分隔使用，隔壁場地的活動噪音常干擾會議的進行，決定場地時就應事先了解情況，如果會議前才發現，應盡快設法解決，不應在會議開始後才發現問題臨時更換場地，造成混亂。

3. 桌椅座次安排：會議場地桌椅安排的方式，按每一會議型式或活動及早規劃，請工作人員按場地規劃圖及與會人數排妥，會前務必確認會議桌椅是戲院型（如圖6-4，頁137）、教室型（如圖6-5，頁138）。或是特別之排列。如果主辦單位臨時要求更換型式，也要有應變之方

法。請參見第六章參考資料（頁136-140）。

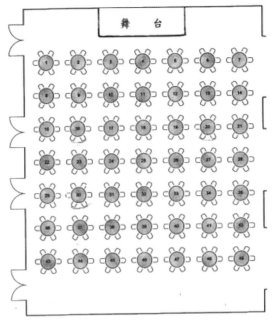

圖9-6　宴會型桌椅布置

圖9-7　聯合國之會議室

圖9-8　大會議廳會場布置

圖9-9　小型會議室桌椅布置

4. 安全維護：會議場地的安全是場地管理能力和經驗的考驗，會議期間保持進出會議場地動線淨空，在最短時間與會人員疏散完畢。會場警衛要有訓練，發揮保全功能。監視系統放置適當地點，隨時檢查運作是否正常。

三、會議議程及會議設備管理

(一) 議程管理：

議事組在會議舉行前兩個月要對會場安排之計畫作最後的檢查，確認會場的布置方案無誤，一個月前會議室布置安排再確認，視聽設備及數量確認，展場設備確認，議事規則工作人員確認，兩星期前進出場順序及協調，三天至一星期前會場布置施工監督，一至兩天前預演。

1. 議程掌控：大會議程的時間、會場的布置、設施提供、主持及演講人員之準時出席等，都應按大會議程表準時舉行。

2. 人員聯絡：議程主持人、演講人、貴賓聯絡掌控，翻譯人員安排，司儀及各分組主持人聯絡，需要人員設備之配合等。許多主講人或表演者會要求預演安排，場地視聽工作人員亦需到場配合。

(二) 會議設備管理：

許多大型會議設備可向旅館、會議場地或出租公司租借，諸如會議所需的桌椅、布幔、窗簾、指示牌、管道、簡單視聽設備等都可用租借方式。

1. 會場規劃：包含會場布置、座位安排、視聽設備、燈光、音響、溫度等。

(1) 會議室布置：

配合會議的人數選擇大小適中的會議間，太大顯得冷清，太小顯得擁擠，會議廳應無障礙牆柱、高度夠，適合布置。

高度、溫度、燈光、柱子、顏色、裝潢等都會影響會議室之氣氛與會議出席者的舒適度。大會旗幟、標示、會徽、贊助廠商的Logo的掛放或張貼方式都會影響會場布置的品味。所以布置應有專業人員

資料來源：中國時報 85.5.20

圖9-10　第九任總統副總統就職典禮場地——桃園巨蛋

設計或提供意見。

(2) 桌椅座次安排：

會議桌椅排放最常用的方式有：

戲院型：是僅將座椅一排排對齊排好，中間留出走道，適合參加人
　　　　數多的大型會議。

教室型：與會者除坐椅外還有桌子可以寫字記錄，桌上也放置水罐
　　　　及水杯、文具紙張等用具，與會者感覺較為舒適。

不過有些會議場地規模可能稍小，參加人數稍多，面對著講台放桌椅
地方有些不夠，而將桌子垂直對著講台，聽講者坐在桌子兩邊，這種
方式對與會者聽講寫字都較不舒適，最好盡量避免（如圖9-11）。

排列時，每排之間距、中間走道之間隔、講台之高度要求等也都要注意。

圖9-11　平行排列桌次安排

(3) 講台布置：

會議講台背景牆上應有會議名稱之標誌，每一場次不同的主題及講者也要更換標示。有時會議會將參加國家之國旗或會旗放置舞台背景之前或兩旁，其放置方式可按參加國家國名之第一個英文字母順序排列，也可按該國參加該會議組織之先後順序排列，大會採用何種方式排列皆有規定依循，避免紛爭。掛旗時，各國之國旗尺寸大小、旗桿粗細高度都要一致，同時要注意不要將有些國家的旗子掛反了。會議型式有主席及次席人士一同坐在台上，則在長條桌上要放上每個人之座位牌，主席位置面對門口在主席台中間，主席右邊座位其次，左邊再其次，依此類推。如果只有主講人之講台，則在講台中間或一邊設站著講話之主講台，有時亦可在另一邊設同一樣式之主持人或發言台。講台上及講台前可置盆栽布置，盆栽高度不可擋住觀眾與台上人士之視線，主講台或主席位置前可放置盆花，但是盆花之

插花作品一定是水平型，避免擋住觀眾之視線，影響溝通效果。

圖9-12　國際會議之講台布置之一

圖9-13　國際會議之講台布置之二

圖9-14　會議場地外之掛旗

2. 會場設備：

(1) 視聽、燈光、溫度：

會議需要的視聽設備應根據每一場會議的視聽需求表核對裝設，最好準備兩套音響系統或可更換之零件設備。現今會議都要電腦視聽配合，應請專人協助操作。會議視聽設備如爲自備或是部分租用，應要考慮各設備機器之間相容性，所有設備會前要測試效果，立式麥克風調整到適合使用人的高度，銀幕與投影器材距離要適當，翻譯設施是否需要準備，凡此種種都要在會前準備妥當，保證會議能順利進行。視聽設備的操作手冊及附帶要準備的連接器、轉接器、鏡片、推車、特殊燈光、延長線、磁帶、放映機的台座、額外的燈泡、電池等，工作人員都應一一按查核表核對，甚至備妥後援計畫，保證會議順利進行。會議場地的電力負荷量也是不可疏忽的要項。

室內及窗外的燈光都會影響放映的效果，放映銀幕位置及高度調在

最適當情況，避免用牆壁當作銀幕。主講人聲音低沈或聲音太小都要調整音響配合。

此外，控制會場溫度、燈光調到適當的水準。窗簾布幕要能有遮光效果，會議房間與相鄰會議房間之隔音牆可以達到隔音之功能。

(2) 講台、舞台、舞池設備：

只有主講人之講台的面積可以較小，如有數人坐在台上或是有表演的舞台面積就要大，視聽設備放在舞台上占的空間也應列入考量，舞台的搭建要牢固。舞池的場地大都在大廳的中央，地板的地面必須是方便跳舞或表演。因此配合會議活動，選擇場地時都要確實衡量。

(3) 網路服務：

許多會議為了配合主講人或與會者的需要，會議期間要有網路服務，大會應有準備。會場地點之通訊盲點、信號接收及技術服務等亦應於會議前準備並測試妥當。

(4) 無障礙設施：

完善的會議服務應考慮身心障礙者的參與，因此在會議報名表中應設計此項服務需求欄位，以便會議主辦單位及早規劃。

3. 會議服務：

(1) 咖啡茶水飲料：會議時之茶水飲料，一般多在與會者桌上準備冷水罐及水杯，除第一杯水由服務人員準備好外，接下來只要在休息時間將水罐加滿即可。

(2) 紙筆：會議桌上準備筆記本或紙張、原子筆及鉛筆等文具用品。

(3) 點心、糖果：有些小型會議休息時間由服務人員個別送上點心及咖啡或飲料。有些會議在與會者桌上備有精緻糖果，供與會者會議時提神用。

(4) 休息時間茶點：國際會議上午及下午兩時段都會安排茶點時間，讓與會者休息、上洗手間、抽煙、打電話、討論一下爭議的議題、相互聯誼等。

4. 人員調配：

每場會議或活動設備安排應請專人負責，並調派服務人員支援，會議和會議之間場地清理及清潔工作都是要最短時間完成的。

圖9-15　大會會議廳（戲院型）

四、餐飲管理

1. 確定餐飲型態：會議期間各活動餐飲的型態、數量，核對細節，檢查餐飲動線流程，時間之管控及品質之保證。

2. 餐飲場地：早餐、午餐、晚宴、上下午茶點、酒會等的場地規劃詳盡，檢查菜單及場地設備。確保場地使用不會發生衝突或場地大小不適當之情事。大會對於宴會桌次排列及座位安排方式、主桌及貴賓席次安排，應及早與餐廳協商確定。

3. 席次安排：大型宴會中、西餐都用圓桌（如圖9-6、9-16），主桌及貴賓桌之位置放置要合乎國際禮儀，主桌通常在舞台正前方，第二桌在主桌右方，第三桌在主桌左方，離舞台近、離主桌近的桌次席次較大，依此類推。桌子上要有桌次牌以為辨識，主桌及貴賓桌可放置貴賓名牌，

方便接待人員引導就坐。桌上可用鮮花裝飾，並放置菜單。大型餐會可於餐廳門口設置桌次表，供與會人士參考，接待人員亦應備有一份，提供最好的服務。

4. 服務支援：調派足夠良好訓練服務人員支援。

5. 安全衛生：由於各國人士飲食衛生習慣之不同，加上長途旅行、水土不服等因素影響，因此飲食衛生最是重要，餐飲負責人應隨時監督及要求作業人員注意。

圖9-16　會議開幕晚宴

五、社交節目管理

　　每一項節目的執行都是專業的表現，舉辦活動者應融入活動，掌控流程，隨時解決問題，國際會議的社交節目有：

(一) 歡迎（歡送）晚宴：晚宴地點確認，桌數、席次安排，菜單、布置要求，設備提供，表演節目確認，錄影安排等。

(二) 歡迎酒會、接待會：地點安排、方式、布置及設備要求、數量。

圖9-17　小型餐宴

㈢ 體育活動（比賽）：場地規劃、用具、人員支援、獎品準備。

㈣ 參觀拜訪：參觀拜訪單位聯絡、交通工具及接待人員安排、紀念品準
備等。

圖9-18　開幕晚宴

(五) 旅遊活動：承辦旅行社、旅遊地區規劃、交通安排、旅遊保險、陪同
人員安排。

(六) 眷屬活動：活動項目、交通和接待人員安排。

圖9-19　惜別晚會代表團表演

圖9-20　晚間活動──舞蹈比賽

六、會議接待

會議接待工作有住宿及會議場地的接待、主辦會議單位之接待、機場接送機之接待等。分別說明如下：

(一) 會議及住宿場地接待：

會議住宿旅館如果舉辦會議的業務頻繁，會議的營收會是其最主要的經濟收入，為了配合各方會議的舉行，應設置會議服務經理的職務（Director of Convention Services），會議服務經理人應負責與主辦單位的聯絡，依照主辦單位的要求，督促旅館員工確實執行會議的需求。會議服務是一項聯合服務的觀念，會議主辦機構只要與會議經理人接觸，而不必一一尋求個別單位的協助。會議服務經理必須確實傳遞會議主辦單位的需求，並負責檢視工作進度與結果，快速處理或解決不可預期的問題，以獲取會議主辦機構的認同，使會議圓滿成功。

會議二至三天前，服務經理應集合各項工作負責人與會議主辦機構及會議規劃人舉行會議，確認最後的工作計畫，所有工作人員按照相同的遊戲規則執行任務。 會議飯店場地成員其職責應包含：

1. 總經理：不一定要參加會議，主要是確保其旅館能依照合約承諾提供服務。

2. 客房部主管：大會主辦機構應提供詳細房間清冊，使客房部能掌控各類等級房間之數量，客房人員的禮儀，VIP客人之特別需求及接待。

3. 膳食主管：提出餐飲規劃之詳細菜單及數量、費用、需求員工等。客房餐食服務原則，正式及非正式餐會、聯誼會、茶點服務的要求。

4. 大廳經理：住房及退房區域的規劃、快速而簡易作業步驟、大量出席者抵達時應變措施，報到（Check in）等候區的規劃，未訂房者的住宿要求，危機事件處理。

5. 維修主管：會議期間住宿房間任何故障的維修，會議間的電力、溫度、設備等的維護，任何會議使用到的地點都應保持正常運作，工作

人員的訓練要確實，事先的檢查要徹底，如有故障也要盡速修復，提供最好的服務。

6. 警衛監督：會議期間，應加派警衛人數，發揮保護之功能，維護參加會議人士財物及人身安全。要求人員接受消防及急救訓練，並與醫療機構的合作，與會人士或家屬如有需要可迅速獲得醫治。

(二) 大會的接待：

1. 大會報到註冊：大會報到場地規劃不良或是程序繁複，是會議出席者最難忍受的待遇，所以方便快速的大會報到手續和旅館的快速報到是一樣重要的工作。很多大規模的會議在會議目的地機場設置專屬櫃台辦理大會報到手續，有些會議和住宿場地不在同一地方，大會也可安排在訂約的各個旅館直接辦理報到手續。總之，大會之報到註冊要使長途舟車勞頓參加會議的人士能夠快速舒適的完成報到手續。

2. 大會提供服務：會議期間使用之IC卡

清潔洗衣服務

自動洗衣乾衣機

美容理髮

翻譯安排

孩童照顧

特別飲食安排

緊急醫療協助

寄存物品、託寄服務

家屬節目安排

(三) 班機及接送：

國際會議與會者來自全球各地，許多參加者是第一次到會議的舉辦城市，主辦會議單位必須留給與會者一個好的印象，所以協助與會貴賓及出席者順利快速入境，表現主辦單位的熱誠，是舉辦國際會議主辦國很重要

的接待工作。

1. 交通班機資料：參加會議貴賓、講師及會議出席者的班機一定要掌握最新資訊，有所變動要隨時更正。接送機時也要核對班機時間，以免飛機早到或誤點，未能及時接送貴賓，顧慮不周浪費彼此時間。

2. 接送機安排：為了凸顯主辦國家對國際會議的重視，許多國家對與會者皆安排在機場內接機，接待人員在飛機抵達後，在機場內就引導與會者到特定入境櫃台辦理入境手續，並通知大廳接待人員安排交通事宜。

   ⑴ 一般與會者：對於參加會議的一般與會者都在機場入出境大廳接送機。大會在機場大廳出入口處設置臨時接待櫃台，放置明顯的接待標誌，使與會者一出關口即可容易找到接待櫃台。要注意的是確認機場出入口有幾個？位置在哪裡？設置明顯歡迎或歡送標示，以免失誤。

   ⑵ 大會貴賓：對於會議貴賓、演講者等大會邀請的特別人士，可安排飛機停靠空橋口或入關管制台接送。這類管制區接送都要經過一定申請的程序，確定貴賓禮遇通關的種類，經公文書協調有關單位，接待人員及車輛取得通行證方可進入特別的地區接送機。

3. 接機準備事項：

   ⑴ 接機流程安排：飛機停靠空橋口→（標示牌→移民局→海關）→出口接待櫃台→休息室→搭車→旅館→辦理住宿手續（大會報到手續）。

   ⑵ 人員調派：因為接機工作需要大量人力支援，大會都會成立接送機小組，聘請有外語能力臨時人員，給予完善的訓練，對於工作內容、工作態度，都有詳盡說明及要求。大會在機場設置接待櫃台，穿著專用服務背心、工作人員事前接待講習、任務說明、工作分派，接待組安排小組人員交通、用餐、輪班、輪休方式、聯絡方式，並處理貴賓資料蒐集、簽證問題等工作。

(3) 交通工具安排：

　小轎車：特別身分貴賓，應有適當人員接機，並確認接送車輛及人員。

　大、中、小巴士：團體來賓安排適當巴士接送，個別抵達者，將飛機抵達時間接近之個別來賓集中安排適當巴士接送。

　機場至飯店巡迴巴士接送：接待人員招呼至大會安排之巡迴巴士站搭車至飯店。

圖9-21　接待組——機場歡迎

禮遇通關

一、禮遇通關的種類：

　1.國賓禮遇：由國賓門進出，包含：

　國家元首、副元首、總理首相或同級職等官階之貴賓及其隨行人員和眷屬。

　應政府邀請需予國賓禮遇之貴賓及其隨行人員和眷屬。

　2.特別禮遇：由公務門進出，包含：

　外國駐華大使、公使、特使、部長、省（州）長、直轄市長或相當職

等官員及其同行和眷屬。

應政府邀請需予特別禮遇之貴賓及其隨行人員和眷屬。

3.一般禮遇：由公務專用櫃台進出，包含：

應政府邀請來訪之重要貴賓或會議人員及其同行和眷屬。

二、禮遇通關協調單位：

外交部領事事務局或相關部會

內政部入出境管理局、航空警察局

財政部台北（高雄）關稽查組

交通部觀光局、民用航空局各航空站

㈣媒體接待：主要的業務爲媒體公共關係及召開記者招待會等工作：

1.媒體公共關係：

⑴會議舉行前不定期提供媒體資訊、新聞稿，宣傳會議打響知名度。

⑵與媒體建立關係，掌握有關媒體及人員：報紙、電視、廣播、專業
雜誌等。

⑶可委託專業公共關係顧問公司負責媒體公關事宜，公關公司有與各
類媒體溝通的管道，於媒體互動良好，可以處理新聞發布及記者招
待會事宜，使新聞見報率高。

⑷設置媒體室，內有沙發、桌椅、通訊器具、茶水，準備完整會議資
料及會議最新資訊，提供記者發稿或採訪之用。

2.籌備記者招待會：

⑴選擇方便的地點：飯店、俱樂部、場地之大小合適、設備配合、結
束後有空間可以交誼。

⑵日期、時間：不要與其他重要記者會同時，週五下午、假日不宜，
時間不宜太早，以上午十時後下午二時後爲宜，原則不超過一個半
小時，可以趕上午間或晚間新聞播報及發稿。午餐會也是一種很好

的記者會的方式。

(3) 邀請函：及早邀請，最少兩星期前寄出邀請函，內附資料、記者會目的、重要出席人，一兩天前再以電話邀請，一方面再次提醒表示誠意，一方面藉此可以確認來參加之媒體人數。

(4) 記者會前新聞稿：重要記者會前一天發出新聞稿，宣傳、提醒記者會的重要性。

(5) 主持人的準備：主持人身分地位表現權威，內容說明應先演練，並準備記者可能提出的問題。

(6) 資料袋：會議書面資料、相片、新聞稿、贈品等。

(7) 視聽器材的準備：準備記者會需要的視聽設備如：單槍投影機、投影機、錄音機、幻燈機、麥克風、海報等。

(8) 會場布置：桌椅排放、出席證（名牌）、記者會都不設固定座位、標示牌、攝影人員位置、主題標示、花草盆景，檢查會場。

(9) 飲料點心：精緻一流，避免酒精飲料。會後茶點增加主辦單位與記者交誼機會。

(10) 支援人員：接待人員稱職不要多，負責接待記者、招呼簽名、發名牌、資料、茶點服務及帶位工作。主持人及翻譯人員視需要安排。

(11) 停車問題：要考慮都會區停車問題，可備妥停車證方便記者參加。

3. 國際會議記者招待會的類型：

(1) 國際會議宣傳：爭取到國際會議主辦權、宣傳促銷會議，舉行記者會引起社會大眾注意。

(2) 介紹貴賓、演講人：介紹特殊貴賓或著名演講人與媒體，參加會議重要人士常是媒體及大眾注目的焦點，媒體會要求採訪，為了滿足各種媒體記者的需求，以舉行記者招待會的方式邀請媒體記者參加，是一個方便又公平的作法。

(3) 會議前、會期間及會議後：

國際會議前一至三天，主辦單位召開記者招待會，邀請媒體記者蒞會提供資料，或是介紹早到的貴賓，使會議的新聞見報，在會議開幕時更可吸引媒體注意會議舉行時與會首長及貴賓，可使會議新聞再次在媒體出現。

圖9-22　國際會議開幕典禮新聞

會議期間除了繼續以特稿或新聞稿及圖片提供媒體發布新聞以外，亦可因某些著名人士參加會議之演講後，為其召開記者會，滿足媒體採訪新聞的需求。

會議後有具體成果或特殊貢獻亦可發布新聞稿或記者會，把握最後一個媒體報導的機會。

圖9-23　會議新聞

七、意外及危機事件管理

　　會議在全部活動完畢結束之前，都有可能發生意外情況，危機意識是任何經驗豐富的會議規劃者都不敢疏忽的。

（一）危機管理定義：將關鍵時刻的風險或不確定因素除去或降低，使當事人或機構更能掌握其未來命運。

1. 危機管理意義：會議的危機管理是指會議前對危機的預防，組織危機處理小組，加強訓練，預防危機發生。會議期間突發事件或危機發生，能迅速妥善處理。

2. 危機管理原則：

　　(1) 預防勝於治療：平時危機管理小組，危機事件演練防護。

　　(2) 常持危機意識：危機事件預防與演練，不要心存僥倖。

　　(3) 危機處理小組組成：編制危機小組，設召集人及各組負責人。

　　(4) 與媒體建立良好關係溝通管道：建立發言人制度，危機事件時統一對外發言。

　　(5) 了解事情真相，承認缺失：掌握事實及早道歉。

　　(6) 當機立斷，迅速處理：減少媒體曝光率。

　　(7) 化危機為轉機，提升形象：博取大眾信任、肯定，恢復元氣。

(二) 會議的意外及危機處理

1. 食物安全衛生：國際會議飲食首重衛生安全，會議人士來自世界不同國家，生活、宗教、飲食習慣皆不相同，加以氣候、時差的不能適應，長途旅行的勞累，導致身體情況不佳，水土不服，這種情況飲食最容易造成身體不適，除了餐飲規劃要嚴格要求衛生外，與會者如發生餐飲中毒、腸胃不適意外，大會應立刻安排送醫療單位醫治。

2. 參加會議人數或餐宴人數超出預定人數，安排會場之更大的場地使用，或打通隔間加大場地，或找會場隔壁房間提供視訊會議轉播，找宴會場地鄰近飯店支援宴會餐飲。

3. 疾病、受傷：會議時難免有參加會議人士生病或意外受傷情事，大會應預先規劃好醫療系統，以因應臨時緊急情況。國際會議規模大，參加人數眾多，可請醫療機構支援於會場設醫務室，派救護車，請醫生及護士駐會值勤，隨時為與會者提供醫療服務。如果會議規模較小，可與醫療機構訂約合作，如有醫療需要隨時送醫處理。

4. 示威、抗議、罷工：國際會議是聚集眾多國際人士的場合，因此常引來一些團體民眾聚集在會議地點為某些議題抗議示威，或是罷工遊行。如果這類示威、抗議、罷工在會議城市舉行，直接間接都會影響

會議舉行時的交通流暢，造成大會活動及與會人士交通的不便。如果這類示威、抗議、罷工的團體或民眾訴求的議題是與會議本身有所關連，或是罷工是與會議有直接關係的工人，那麼影響就不僅是交通問題，也可能在會議舉行場地外阻止與會代表進入開會，或是擾亂會議的進行，甚至使整個會議因罷工而無法如期舉行。因此會議主辦單位要與示威、抗議、罷工團體代表事先溝通協調，是否能改期或是縮小範圍在一定的區域舉行。當然，尋求警察機關的支援維持秩序，保護與會者的安全，更是一定要做好的工作。

5. 戰爭、政變、疫情：國際會議舉辦地區假設會議已經決定地點，但是尚未舉行會議前發生戰爭、政變、疫情重大事故，主辦單位通常會宣布會議延期或取消，或是改變地點到其他國家城市舉行。如果剛巧在會議舉行期間發生戰爭、政變、疫情等情形，對主辦單位確是一大考驗，可能要尋求外交協助保護各國參加會議人士安全離境，盡速回國。

6. 氣候：雖然國際會議選擇地點時會將會議城市之季節氣候列入考量因素之一，但是很多氣候的變化是脫離常態而不可預測，如果在開會期間突然氣候反常，遭到大雪、暴風雨侵襲，使得參加會議人士得延後返家或是延後到達會場，主辦單位要與飯店協商從新調整住宿及餐飲安排。甚至會在延後返家的等待時間，額外安排某些活動讓延誤返家的與會者參加以打發時間。當然，這些都會影響會議的預算，財務會有所損失，所以會議的保險費支出是要列入預算中，以防遭到意外事件可以獲得理賠。

7. 場地意外：地震、颱風、水患等天災造成場地意外的破損，無法使用，如在會議前發生，時間來得及主辦單位可改變場地，通知參加會議人士並做好一切配合的工作。如果災害在會議期間發生或是火災意外或是交通事故或是物件遭到偷竊，造成會議財務破壞，無法繼續舉行會議，則要以危機管理的預定計畫處理這類意外事故。不過發生場

地意外事故，人員的安全為第一考量，財務損失則交由保險去處理。

8. 主講人、貴賓缺席：國際會議邀請的主講人及貴賓常來自界各地，在沒有完成其所擔任的節目前，都可能會有意外情況發生，如果在會議舉行前，大會還可緊急應變尋找適當的人選替代，如果在會議舉行時，講員或貴賓因故不能前來或是因氣候交通因素延遲前來，臨時安排替代人選不易，甚至引起參加會議人士不滿，造成大會相當的困擾。此項損失雖然可以因為事先的保險而獲得賠償，但是對會議主辦單位仍是一項危機處理的重大考驗。

9. 簽證問題：會議都有將簽證注意事項詳列會議通知中，但總還是有些參加會議者疏忽了簽證問題，尤其是應邀的貴賓或是演講者因簽證延誤抵達會議，則會影響議程的進行，調動節目增加大會不少困擾。因此許多國家為拓展會議產業及發展觀光事業，給予參加國際會議或展覽入境人士免簽證或落地簽證的方便。

参考資料

會議現場管理小訣竅

● 早到的與會者安排一個小活動，豐富節目內容，打發會前空檔時間。

● 早到的演講人或有節目者安排適當時間彩排，解決其可能有的問題。

● 確定旅館會議及各活動場地及各個負責人，會議有關供應商之聯絡人之辦公室、家中及行動電話，確保會議期間不論何時發生問題皆可立即聯絡處理。

● 要求旅館或會議場地職工或協力廠商預習會議從開始到結束的議程及節目。

如：交通運輸行程取消或更改活動應變、視聽設備檢查測試、食物飲料功能確認、會議室場地及時間安排不會衝突、臥房安排檢查、會議場地移轉時間足夠、改變要求之應變等。

● 隨時帶著聯絡人及各工作負責人名單，以便急需時聯絡。

● 確實清點運送物品完全運達，沒有遺失。

● 貴賓姓名職銜要正確，VIP要確認參加，與會貴賓名單最後確認。

● 會議正式開始前最後一刻，核對會議室燈光、溫度、飲水、紙筆、雷射筆等。

● 一定要有各種活動之預備方案。

如：室外場地下雨預備之室內場地，參加會議或晚宴之人數比預定為多，最後一分鐘要求改變預定的事情，臨時要照相、裝麥克風等。

資料來源：Meeting Guide。

第十章　會議評鑑與會後工作

一、會議評鑑工作
二、會後工作

會議經營管理最後很重要的工作就是會議的評鑑，有些會議在會議期間針對每一項活動都會發放問卷並收回，等會議結束再做整理，有些會議是在整個會議結束與會者離開前對整個會議做問卷，不論採用何種方式，會議在議程完畢後，會將問卷統計分析作為會議成果及參考之用。會議結束之會後工作也才算完成。

　　會議議程全部結束後，蒐集會議期間與會者所做的問卷做評鑑的工作，主辦單位希望藉此了解與會者對會議的反應、對會議中每一項目的評比及其期望如何。評鑑由主辦單位自行設計問卷、發放問卷、蒐集後做統計分析，製作評鑑報告。也可以將評鑑工作委託專業公司辦理，雖然要花費一些經費，但是品質可能較高、分析結論會較為客觀。

　㈠評鑑的意義：

　1. 本次會議與前次會議的比較。

　2. 出席者對於會議的主持人及整個會議的感想。

　3. 會議的目標程度達到如何。

　4. 作為下一次會議的參考。

　㈡評鑑的內容：

　1. 與會者基本資料：與會者或填問卷者的基本資料，其項目包括：

　　⑴性別、年齡、職業、職務、工作年資。

　　⑵身分：會員、非會員、學生、眷屬等。

　　⑶費用來源：自費、公費、部分自費。

　　⑷會議資訊來源：會訊、工會或公會組織、媒體報導、網站、朋友告知、受邀者等。

　　⑸喜歡報到的方式：網路、郵件、傳真、現場報名、無所謂哪種方式。

　　⑹參加會議目的：公司派遣、學習新知識和技術、接受新資訊、擴展

人際關係、增廣見聞、主講人因素、受邀主講或貴賓等。

2. 會議場所（地）的評鑑：包括住、食、設施、人員、交通、休閒與娛樂等相關事項：

(1) 住：旅館規模、房間設備、乾淨、清潔、服務人員、房間服務，內部商店數量、服務態度、折扣、赴會場方便性等，舉例如下：

Sleeping Room

Item	Very Good	Adequate	Poor
Comfort			
Equipmentw			
Cleanliness			
Attractiveness			
Housekeeping			
Room service			
Shops			

(2) 餐飲：多樣餐飲方式，食物美味，份量適中，用餐時間恰當，工作人員服務態度良好，菜單變化多，能顧及出席者對食物的偏好，茶點（Break）的地點安排、點心內容適當。

廚房及飲料處的設施：方便、與用餐地點距離恰當。

Food and Beverages（Breakfast,Lunches,Dinner）

Item	Very Good	Adequate	Poor
Menus			
Service			
Testiness			
Healthness			
Adequate Number of Restaurants			
Others： _____			

(3) 會議場地：位置適當，大小空間、高度足夠，柱子、障礙物少，電梯、樓梯流動性快速，男女洗手間數量足夠與會人士使用。

Facilities and Equipment

Item	Very Good	Adequate	Poor
Direction signs			
Stairs			
Escalators，Elevators			
Restrooms			
Relaxation Areas			
Lighting			
Decoration			
Others：_____			

(4) 會議室的設備：布置裝潢美觀華麗，桌子排列配合會議型態，座椅舒適，燈光、音響、溫度適宜，無噪音、反光等情況。

Meeting Room

Item	Very Good	Adequate	Poor
Room Setup			
Session 1			
Session 2			
Easy find			
Comfortable			
Seating			
Temperature			
Lighting			
Sound			
Others：_____			

(5) 休閒娛樂設施：豐富、安全、服務人員的態度。

Recreation/Entertainment

Item   Very Good   Adequate   Poor

Adequacy

Equipment

Service

Accessibility

Others：＿＿＿＿＿＿＿＿＿＿＿＿＿＿＿＿＿＿＿＿

(6) 交通：方便性、停車、旅遊勝地、安全。

Accessibility/Parking

Item   Very Good   Adequate   Poor

Air-port Transportation

Service Available

Parking

Others：＿＿＿＿＿＿＿＿＿＿＿＿＿＿＿＿＿＿＿＿

(7) 其他：城市友善、當地居民的態度、天氣的狀況、娛樂設施、文化節慶活動。

Others

Item   Very Good   Adequate   Poor

Friendliness of People

Cleanliness

Entertainment available

Cultural Activities

Safety

Others：＿＿＿＿＿＿＿＿＿＿＿＿＿＿＿＿＿＿＿＿

3. 議程安排的評鑑：問卷方式、設計及規劃。

⑴主題：會議主題是否恰當，會議內容是否偏離主題，議題多樣性，會議模式有變化。

⑵主題目標的達成：會議最主要的目標是否達成，參加會議者的期望是否相符。

⑶時間的安排：議程及節目時間安排恰當。

⑷內容的架構及難易度：議題架構實用，難易度適宜。

⑸會議設備：設備完善，符合會議需要，工作人員配合良好。

⑹主持人、演講人：主持人主持稱職、時間控制恰當，演講人有專業水準、內容豐富深淺合宜、表達能力良好。

⑺資料提供：大會手冊及資料印刷精美、內容豐富實用。

⑻社交節目安排：社交節目安排、氣氛營造、開幕、閉幕晚宴、酒會安排、表演節目、眷屬節目、會前及會後旅遊參觀安排等非常有趣滿意。

⑼展覽：內容恰當、參觀時間足夠、場地與規模適當。

⑽整體評價：對會議安排活動、節目、服務等整體的觀感。

⑾建議事項：未來議題及演講人、活動時間安排、需改變的項目等建議。

4. 接待方面：

⑴會場：註冊報到程序完美，工作人員服務態度熱誠。

Check In/Check Out

Item	Very Good	Adequate	Poor
Front Desk/Cashiers			
Procedure			
Service			
Bell People			
Courtesy			
Efficiency			

Others：_____

(2) 機場：大會服務櫃台設位置適當、服務良好，通關接待安排周到。

(3) 交通安排：車輛舒適安全，路線規劃、時間配合良好，服務態度親切有禮。

(4) 大會販售：會議視聽資料、教育資料、紀念品販售價格合理。

(5) 大會的服務人員：人員配置適當，服務主動、熱誠、稱職。

㈢ 問卷設計規劃：

1. 問卷設計要考慮下列問題：

(1) 現在問卷皆使用電腦統計，在規劃會議資訊系統時，就要將評鑑的項目放入，問卷可經由電腦程式得到結果，會議經理人應根據資料分析各項數據後提交主辦單位。

(2) 評鑑每一次會議主講人或主持人的方式。

(3) 整個會議全盤性的評鑑方式。

(4) 出席者填評鑑資料要多少時間？最好在10分鐘左右。

(5) 出席者填評鑑資料需要具備的知識及技能？

(6) 能推動出席者都填寫問卷嗎？

(7) 目標、主題資料蒐集是否完備？

(8) 資料分析說明多少份數，是主辦機構所期望的？

(9) 如何利用評鑑資料？

(10) 哪些人可以查閱蒐集的資料？

2. 會議主辦單位問卷調查：會議主辦機構為了了解與會者未來參加會議的意願及對會議的要求，亦會設計另一形式問卷，統計分析作為未來規劃會議依據。其設計項目內容舉例如下：

(1) 參加國際會議之次數？

(2) 會帶家屬及兒童一起參加會議嗎？

(3) 參加會議的理由或目的？（例會選舉、學習新知和技術、吸收新資

訊、會議及旅遊、建立人際關係、拓展商機、其他）

(4) 參加會議的整體評價？

(5) 未來參加同一會議的意願？

(6) 你認為會議重要的項目：請按「非常重要」、「有一點重要」、「不十分重要」、「完全不重要」四等級圈選下列項目：
- 會議的地點
- 當地區的活動
- 主講人
- 娛樂活動
- 人際關係機會
- 教育訓練
- 討論會議議題及修訂法則
- 國際會議組織委員或理事選舉
- 會議地的邀請
- 報名費
- 旅行花費

(7) 對本次會議的評價？請按「非常好」、「好」、「普通」、「差」四等級圈選（項目如前第6點各項）。

(8) 對本次會議議題及活動的評鑑？請按「非常好」、「好」、「普通」、「差」、「沒有參加」圈選。
- 展覽
- 開幕典禮晚宴
- 全體會議
- 巡迴交通運輸
- 討論會
- 會議經驗有利於工作

- 大會工作人員
- 商業聯誼
- 閉幕大會宴會
- 資料袋紀念品
- 家屬及兒童活動

⑼ 會議需改進的項目，請按「非常加強」、「加強一點」、「沒什麼關係」、「不需加強」圈選。

- 講師專業
- 教育與訓練
- 舞台上人員的表現
- 資料的有用性
- 經驗分享機會
- 享受場地設施自由時間
- 表演者專業
- 家屬活動分享
- 參與當地活動（Event）
- 理監事選舉
- 展覽

㈣ 評鑑的時間：選擇會議評鑑的時間有不同的觀點，僅就不同時段做評鑑問卷其優缺點說明如下：

1. 每次會議後：議程中每一個單元會議結束發放問卷並收回。

優點： ● 會議的內涵及表現方式，與會者記憶猶新立刻反映在問卷上。

缺點： ● 會議中的某些情緒反應可能會影響客觀的評斷。

　　　 ● 每次會議後都要發、收問卷，增加會議的時間。

　　　 ● 出席者忙於離開趕下一場會議，沒有耐心填，甚至不填。

　　　 ● 增加問卷成本。

2. 全部會議結束時：全部議程的節目都結束，發放問卷填答並收回。

　　優點：　● 對整個議程有完整的了解，可以通盤評鑑整個會議的優缺點。

　　缺點：　● 忙於離開趕回工作地，忽略問卷。

　　　　　　● 情緒影響客觀性，尤其會因最後一場會議之觀感做評斷。

　　　　　　● 問卷項目過多，需要評鑑的時間較長。

3. 會後以郵寄的方式評鑑：會議結束後另用郵寄方式附回郵請填答後寄回。

　　優點：　● 可以慢慢填答，考慮周到。

　　　　　　● 會議後續其他需要寄的資料可一併放入。

　　缺點：　● 郵資成本高。

　　　　　　● 與會者因為回到工作崗位太忙，而沒有時間填寫。

4. 會後分發，帶回評鑑後寄回：會議後交與會者帶回填答再寄回。

　　優點：　● 可省部分郵費。

　　　　　　● 填答時間充裕。

　　缺點：　● 太忙沒有時間回函。

　　　　　　● 回去之後，放在資料袋中沒拿出來回覆。

5. 每次會議後發出當次問卷，離開時再一起收回

　　優點：　● 一次填答節省時間。

　　缺點：　● 是否能在退房離開時都可以收回。

6. 網路或e-mail來做評鑑：要求與會者利用電子郵件或網站填答問卷傳回。

　　優點：　● 迅速、省錢，並可直接利用電腦做統計。

　　缺點：　● 並非每個人都有電腦或使用電腦。

　　　　　　● 懶得回、沒時間回。

7. 展示會場專人隨機評鑑：如果會議也安排展示活動，則請專人或代表在展場隨機填寫問卷。

㈤ 如何評鑑：評鑑根據會議規模的大小、會議的性質規劃正式的發放問卷，統計分析。或者以非正式的訪問、電話、電子郵件等方式蒐集意

見整理了解問題。

1. 正式問卷或調查：

(1) 問卷設計：語句直接、簡單、清楚、客觀、易於了解，用打「✓」的方式為佳，最好不要讓填答者寫太多字。

填寫問卷的時間應設計在10分鐘之內，容易快速完成是問卷設計首要之要務。

(2) 設計格式：設計簡單、清楚、格式化的問卷，讓填答者用打「✓」的方式最能減少與會者的時間。選項以三到五項為原則，如下例：

項目	非常喜歡	有點喜歡	還喜歡	不喜歡	非常不喜歡

(3) 完備的問卷配置：會議中每一項活動都有問題，並且要將問題按順序排列，同性質的　問題集中排放在一起。

(4) 文字評鑑的利用：盡量不要設計需要文字回答之問題，通常文字敘述之問題，大都用　在專業人士之問卷，一般會議較不常用。

(5) 決定內容：

● 會議的問卷資料希望做哪些用途，主辦機構如何利用資料，哪些人士可以看到評鑑統計分析資料，設計問卷內容。

● 每一單項活動之問卷頁數最好在兩頁之內，決定要用何種格式問卷，問卷的格式要一致。

(六) 評鑑問卷設計：會議評鑑（Conference Evaluation）問卷設計分述如下：

1. 會議評鑑包含的項目：

(1) How satisfied were you with the registration process？（報到步驟）

(2) How satisfied were you with the conference materials provided？（會議

資料準備提供）

⑶ How satisfied were you with the speakers？（主講人）

⑷ How satisfied were you with the conference facilities？Venue？Food & Beverage？（會議設施、場地、餐飲）

⑸ How many sessions did you attend？（參加幾個分組會議）

⑹ The length of conference sessions were too long, Just about right, too short？（會議時間的長度）

⑺ The content of conference sessions was appropriate and informative？（會議內容適當和有知識性）

⑻ The conference was well organized？（會議規劃）

⑼ Conference staff were helpful and courteous？（工作人員親切周到）

⑽ What kinds of sessions would you like to see included at future conferences？（建議未來加入之項目）

⑾ What did you like most about the conference？（最喜歡的項目）

⑿ What did you like least about the conference？（最討厭的項目）

⒀ How many conferences of this type do you attend annually？（每年參加幾次同類會議）

⒁ Do you plan to attend this conference again next year？（明年還會參加這個會議嗎）

⒂ How would you rate this conference？（如何評價本次會議）

⒃ Would you recommend this conference to others？（會推薦他人參加會議嗎）

⒄ What ways could this conference be improved？（會議需改進之處）

⒅ What is the main reason for attending this conference？（參加會議的原因）

2. 問題設計：

(1) How satisfied were you with the registration process?

　○Very dissatisfied ○Dissatisfied ○Satisfied ○Very satisfied

(2) How satisfied were you with the conference materials provided ?

　○Very dissatisfied ○Dissatisfied ○Satisfied ○Very satisfied

(3) How satisfied were you with the speakers ?

　○Very dissatisfied ○Dissatisfied ○Satisfied ○Very satisfied

　Which speaker were you mostly interested in listening to?

　○speaker 1 ○speaker 2 ○Speaker 3 ○speaker 4

(4) How satisfied were you with the conference facilities?

　○Very dissatisfied ○Dissatisfied ○Satisfied ○Very satisfied

　How satisfied were you with the conference Venue ?

　○Very dissatisfied ○Somewhat dissatisfied ○Neutral

　○Somewhat satisfied ○Very satisfied

　How satisfied were you with the conference food & Beverage ?

　○Very dissatisfied ○Somewhat dissatisfied ○Neutral

　○Somewhat satisfied ○Very satisfied

　How satisfied were you with the hotel services ?

　○Excellent ○Good ○Average ○Belowaverage

(5) How many sessions did you attend?

　○One ○Two ○Three ○four ○Five ○Six ○Seven ○Eight

(6) The length of conference sessions were too long, Just about right, too short?

　○Too long ○Just about right ○too short

(7) The content of conference sessions was appropriate and informative?

　○Strongly disagree ○Disagree ○Agree ○Strongly agree

(8) The conference was well organized?

○Strongly disagree ○Disagree ○Agree ○Strongly agree

(9) Conference staff were helpful and courteous?

○Strongly disagree ○Disagree ○Agree ○Strongly agree

(10) What kinds of sessions would you like to see included at future conferences?

○_____○_____○_____○_____○_____

Which of he following topics would you be interested in attending ?

○Public Relations ○Marketing ○Financial ○

(11) What did you like most about the conference?

○_____○_____○_____○_____○_____

What was the most beneficial aspect of the conference ?

○_____○_____○_____○_____

(12) What did you like least about the conference?

○_____○_____○_____○_____○_____

(13) How many conferences of this type do you attend annually?

○1-2per year ○3-4peryear ○5-6year ○more than 6 year

(14) Do you plan to attend this conference again next year?

○Yes ○May be ○No

(15) How would you rate this conference?

○very poor ○Poor ○Average ○very good ○Excellent

(16) Would you recommend this conference to others?

○Yes ○May be ○No

(17) What ways could this conference be improved?

① _____

② _____

(18) What is the main reason for attending this conference ?

○Content ○Networking ○Personal growth & development

○Speakers ○Other

參考資料

http://www.surveyshare.com

http://www.surveyconsole.com Survey Consol

3. 非正式評鑑：

　　小規模會議以非正是方式評鑑，可設計意見表或非正式談話，讓主辦單位了解參加會議者的看法，並給予適當的回饋。此外也有在會後致電出席者一方面感謝參加會議，另一方面詢問其對會議的印象，需要改進的意見，作為日後改進參考。

(七) 分析與解釋評鑑結果：

1. 會議經理人重要之工作：統計分析與解釋評鑑結果，是評鑑的重要步驟，將問卷之數據及情況統計成有系統、有價值之數字資料，從這些數字可以判斷資料的準確性。依評鑑標準進行比較，了解會議之目標達成、會議的效率及會議成功的程度。根據統計結果找出優缺點、發現問題，並以客觀的態度分析其原因，將正確數據與結論與建議提供大會下次籌辦參考。

2. 評鑑報告可以比例圖表分析，包含項目如下：

　　(1) 一般資料分析：

　　　● 參加會議人數分析：會議總人數、每天的人數、每場活動之人數。

　　　● 參加人員地區分析：國外與會者、本地與會者、本地與會者之行政地區分布。

　　　● 與會者行業、部門及職位分析。

　　　● 會議訊息來源途徑：報刊、廣告、網站、同事親友。

- 參加會議目的：學習新知技術及經驗、了解產業趨勢、結識同業拓展商機。

(2) 滿意度分析：

- 會議議題分析：每場次之議題、時間、講員、資料、場地設備、展覽安排等滿意度分析。

- 餐飲：早、午、晚餐，上、下午茶點時間、地點、菜色及服務滿意度。

- 住宿：地點、價格、設備、休閒設施、服務。

- 社交活動分析：開閉幕晚宴、大會或自費參觀旅遊安排、餘興節目豐富多樣。

- 服務：交通接送機。

(3) 其他：

- 整體評價：最喜歡之議題、最大收獲、對大會評價。

- 建議事項：時間安排、希望之議題。

- 未來參加會議意願。

3. 舉一單項問題簡單例子說明如下：

會議問卷收到100份回單，其中一個問題為「本次會議學習之效果」，假設各個答案的百分比為：

問題	非常多（5）	有些多（4）	一點多（3）	不多（2）	很少（1）
會議提供學習之效果	23%	39%	29%	6%	3%

統計結果：(1) 只有9%人認為學習不足

(2) 62%的人認為學習超出平均數

(3) 23％認為學習效果非常多

評鑑之數據提供組織及上級人員，評斷會議是否成功有力的依據。

○○○○○○○ 研討會意見調查表

煩請就下列問題在空格劃勾，作為我們改進的參考，謝謝您！

	1.很滿意	2.滿意	3.普通	4.差	5.很差
1. 研討會整體的評價	_____	_____	_____	_____	_____
2. 講師對本議題表達清楚流暢	_____	_____	_____	_____	_____
A.公元2000年世界資訊科技大會籌辦經驗	_____	_____	_____	_____	_____
B.會議／活動架構設計與規劃	_____	_____	_____	_____	_____
C.接送機安排	_____	_____	_____	_____	_____
D.旅遊活動安排	_____	_____	_____	_____	_____
E.第二十二屆國際證券管理機構組織年會	_____	_____	_____	_____	_____
F.1998世界首都論壇台北會議	_____	_____	_____	_____	_____
G.國際新聞協會（IPI）第四十八屆年會	_____	_____	_____	_____	_____
3. 講師對主題有深入了解	_____	_____	_____	_____	_____
4. 講師提供豐富實務範例	_____	_____	_____	_____	_____
5. 講師有效解答學員問題	_____	_____	_____	_____	_____
6. 研討會內容符合課前期望	_____	_____	_____	_____	_____
7. 研討會時間配置適當	_____	_____	_____	_____	_____
8. 研討會內容架構完整	_____	_____	_____	_____	_____
9. 研討會內容對工作有實際助益	_____	_____	_____	_____	_____
10. 課務人員服務熱誠主動細心	_____	_____	_____	_____	_____
11. 場地設備安排良好	_____	_____	_____	_____	_____

12. 講義資料教具品質良好　　＿＿＿＿　＿＿＿＿　＿＿＿＿　＿＿＿＿　＿＿＿＿

13. 其他意見或建議

＿＿＿＿＿＿＿＿＿＿＿＿＿＿＿＿＿＿＿＿＿＿＿＿＿＿＿＿＿＿＿＿＿

＿＿＿＿＿＿＿＿＿＿＿＿＿＿＿＿＿＿＿＿＿＿＿＿＿＿＿＿＿＿＿＿＿

二、會後工作

　　會議管理的最後工作就是將本次會議所有的事務做一結束，結束的工作項目包含檢討會議、結束行政工作、撰寫報告書、致謝有關單位、會議資料建檔等。分別說明如下：

㈠檢討會議：檢討會議分兩個部分，將籌備期間及會議期間之運作全盤檢討。

1. 籌備期間工作檢討：會議訂定的目標合理，報名參加會議達到預期人數，工作人員接受訓練、表現專業、工作態度、效率良好，宣傳推廣工作之成效，預算合理，經費運用、執行合乎成本效益。

2. 會議期間工作檢討：

(1) 報到工作檢討：會議報到地點規劃合適、報到流程順暢、工作人員稱職、緊急事件處理能力。

(2) 會議議程規劃檢討：內容豐富、難易度恰當，會議長度、時間安排適宜，主講人之專業及表達能力滿意度。

(3) 住宿餐飲檢討：住宿條件及方便性，餐飲規劃滿意度。

(4) 會議設施檢討：會議室規劃適當，視聽設備效果佳，溫度燈光舒適。

(5) 服務工作檢討：大會工作人員的專業素養及服務態度，場地提供者的專業及服務態度，餐飲服務及會議接待服務等的評鑑。

㈡結束行政工作：

1. 結清財務帳目：會議帳目、應付、應收帳款結清，請會計師公證後，

送有關機構及稅務機關查核。

2. 結束網站：整理會議網頁僅保留會議基本資訊或是將網站全部關閉。

3. 工作人員資遣：自會議籌備會成立就受雇用的長期工作人員，會議結束應予資遣，若為其他機構調用人員則返回原機構。短期臨時工作人員，大會交付任務結束，即結束雇用關係。有些每年定期舉行的協會年會如旅行業協會、保險業協會等，本次會議結束後，有些人員可留下繼續為下屆會議展開籌備工作。

㈢ 大會報告書：會議結束主辦會議機構要完成會議總結報告書，向各國代表、各國總會、世界總會提出報告其內容包括：

1. 全體大會及委員會之紀錄。

2. 各研討會、各分組會議之結論、建議事項、討論問題及答覆事項。

3. 主要演講人演講內容。

4. 參加代表名單。

㈣ 籌備委員會報告書：

1. 籌備委員會組織。

2. 大會工作成果。

3. 預算、決算、收支財務報告表。

4. 評鑑結果及檢討。

5. 大會意見及問題。

6. 總結報告書內容：

　⑴ 會議名稱：英文會議名稱（中文會議名稱）、簡稱。

　⑵ 會議時間、地點。

　⑶ 會議主題、目標或目的。

　⑷ 會議主辦單位、協辦單位、承辦單位。

　⑸ 參加會議人數（國外、國內）、論文篇數、特別之貴賓。

　⑹ 會議經費來源、收支情況、決算書。

(7) 會議主要內容，會議成果，改進措施。

　　(8) 會議論文集。

(五) 致謝：國際會議的舉行牽涉頗廣，主辦單位要結合了各方面的人力、財力、物力的資源，發揮團隊合作的精神，才能將這長時間努力的成果圓滿完成。會議結束應對提供協助的相關機構、企業及個人致贈感謝狀表示感謝。需要致謝的單位和個人包含：

　1. 政府相關單位。

　2. 機關首長、演講貴賓、與會貴賓、講員。

　3. 其他相關組織及人員。

(六) 會議資料建檔：會議結束大會資料存檔包含：

1. 會議總結報告：會議概況、會議成果、論文目錄、重要決議及建議。

2 會議有關文件：開會通知、徵文辦法、會議議程表、會議代表名冊、講員及貴賓名單、工作人員名冊、會議印刷資料、與各機關往來公文、財務報告。

3. 會議各組資料整理歸檔：工作內容、工作進度表、會議紀錄、工作手冊、各種工作查核表、贊助廠商名冊。

4. 論文集。

5. 剪報資料蒐集整理建檔（剪報資料整理表格）。

6. 紀錄影片、光碟、相片、教材書面光碟。

剪 報 目 錄 單

類 別	資料來源	日 期	版 面	主　　題	頁 次	備 註

剪報整理格式：

類　　　　別	
主　　　　題	
資　料　來　源	
日　　　　期	

剪報

備註：剪報圖片之說明應一併剪下，如時間、地點、事由、人名、職稱等。

附　錄

一、國際會議名詞中英對照表

1. 會議名稱：

Assembly　全體會議

Caucus　幹部會議

Colloquium　研討會

Commission　委員會

Committee　委員會

Conclave　祕密會議

Conference　會議

Congress　代表會議

Convention　大型會議

Convocation　評議會／集會

Council　審議會／會議

Exhibition　展示會

Exposition　展覽會／博覽會

Facility　設施

Forum　論壇

Hospitality Industry　款待業／餐旅業

Lecture　演講

Meeting　會議總稱

MICE（Meeting, Incentives, Convention, Exhibitions）會展旅遊

Panel Discussion　分組討論會

Party　晚會／園遊會／集會

Powwow　集會／儀式

Recreation & Exercise　娛樂休閒

Roundtable　圓桌式

Session　開會

Seminar　研討會

Social Gathering　社交聚會

Symposium　研討會／座談會

Synod　宗教會議

Trade Fair　商展

Workshop　研習會／講習會

2. 會議規劃（Meeting Planning）：

Activity Planning Sheet　活動計畫表

Audio Visuals　視聽設備

Agreement & contract　合約安排

Budgeting 預算

Checklist 查核單

Direction Signs 標示牌

Destination/Location 會議地點（城市）

Destination Selection 選擇會議地點

Duration 會期

Evaluation 評估／評鑑

Ficilities 會議設施

Function Sheet 活動單

Food & Beverages 餐飲

Liability & Insure 保險

Marketing & Promotion 行銷宣傳

Meeting Evaluation 會議評鑑

Onsite Management 現場管理

Payment 付款方式

PostMeeting Evaluation 會後評鑑

Proceeding & Presentation
　　　　　會議論文及發表

Promotion 促銷

Publicity 宣傳

Registration 報名註冊／報到

Site Inspection 場地勘查

Theme 主題

Venue 場地／會場

3.會議模式與議程（Meeting Pattern & Agenda）：

Closing Ceremony 閉幕典禮

Concurrent Session 分組同步發表

Free paper Session 自由論文發表

General Sessions 全體大會

Keynote Address 貴賓演講

Keynote Speeches 演講

Opening Session 開幕典禮

Opening Ceremony 開幕典禮

Panel discussion 小組討論

Paper Presentations 論文發表

Parallel session 分組平行會議

Plenary Session 全體大會

Post Graduate 研究生

Poster Session 海報式論文發表

Workshop sessions 研習會

4.籌備會組織（Congress Organissing Committee）：

Accommodation 住宿組

Correspondence 文書組

Education 教育組

Entertainment 娛樂節目組

Hospitality 接待組

Liaison 聯絡組

Logistics 後勤組

Publication 出版組

Public Relation 公共關係組

Secretarial 祕書處

Social Programmes 社交活動（節目）組

Sponsorship 募款組

Trasportation 交通組

Treasurer 會計／出納組

5.社交活動（Social Programmes）：

City Tour 城市觀光

Cultural Night 文化之夜

Farewell Banquet 惜別晚宴

Farewell Party 惜別會

Folk Art Tour 民俗文化之旅

Gala Dinner 慶祝晚宴

Industrial Visit Program 參觀訪問

Spouse Program 眷屬節目／活動

Theme Parties 主題宴會

Welcome Reception 歡迎會

Welcome Party 歡迎會

6.其他：

Accessibility 方便性／可及性

Adequacy 足夠的

Alert 宣傳會議之提示卡

Brochures /Flyers 宣傳單／出版品

CIS（Certificate Identity Systems）識別系統

Convention Bureau 會議局

CVB（Convention and Visitor Bureau）會議及旅遊局

Delegates 與會者／會議代表

DM （Direct Mail） 宣傳郵件

Dress Code 會議服裝規定

Final Announcement 最後公告

Fixed Expense 固定費用

General Planning Committee 籌備委員會

Ground transportation 陸上交通

Individual Staff Responsibilities 個別工作人員之職責

Logistics 後勤支援

Media 媒體

Networking 聯誼活動

Official Airline 大會訂約航空公司

PCO（Professional Conference Organizer） 會議籌畫公司

PEO（Professional Exhibition Organizer） 展覽籌畫公司

Registration Fees 註冊／報名費

Risk Management 風險管理

Special Dietary 特別飲食安排

Traffic Flow 交通流量

Variable Expense 變動費用

二、國際會議相關組織網站

中華國際會議展覽協會　www.taiwanconvention.org.tw

中華民國對外貿易發展協會　www.taitra.org.tw

台灣會議展覽資訊網　www.meettaiwan.com

會議展覽服務業人才認證培育計畫　（Meeting Exhibitions Event Travel）mice.
iti.org.tw

AACVB（Asian Association of CVBs）www.aacvb.org

AIPC （Association Internationale Des Palais De Congres）www.aipc.org

ASAE （American Society of Association Executives）www.asaenet.org

ASTA （American Society of Travel Agents）www.astanet.com

AFECA（Asian Federation of exhibition & Convention associations）www.
afeca.org/index.html

CIC （Convention Industry Council）

IACC （International Association of Conference Centers）www.iacconline.com

IACVB（International Association of Convention and Visitor Bureaus）www.
iacvb.org/

IAPCO（International Association of Professional Congress Organizers）www.
iapco.org

ICCA （International Congress and Convention Association）www.iccaworld.
com

ISES （International Special Events Society）www.ises.com

ISMP （International Society of Meeting Planners）iami.org/ismp/

MIAA （Meetings Industry Association of Australia）www.miaanet.au

MPI （Meeting Professionals International）www.sdmpi.org

NSA （National Speakers Association）www.nsaspeaker.org

PATA （Pacific Asia Travel Association）www.pata.org

PCMA（Professional Convention Management Association）www.pcma.org/

SITE （Society of Incentive Travel Executives） www.site-intl.org

WTO （World Tourism Organization）

UIA （Uniion of Internation Association）

IAAM （International Association of Assembly Managers）

EFCT （European Federation of Conference Towns）

JMIC （Joint Meetings Industry Council）

Convention Works　www.conventionworks.net

PATA（Pacific Asia Travel Association）　www.pata.org

SITE（Society of Incentive Travel Executive）www.site-intl.org

三、Pacific Rim Concepts LLC 提供的會議（活動）服務

1. Audio visual & lighting design and management（視聽及燈光設備設計及管理）

2. Budgeting, financial ,management（預算編列及財務管理）

3. Concept design and theme creation（主題活動創意設計及氣氛營造）

4. Decorations, entertainment and hospitality coordination（布置裝飾，娛樂、接待安排之協調溝通）

5. Food & beverage menu design and service management（餐飲規劃、菜單設計及服務管理）

6. Graphic design, printing & mailing service（圖表設計、印刷資料設計及信件服務）

7. Marketing, public relations and advertising（行銷、公共關係及廣告業務）

8. Meeting space management（會議場地規劃管理）

9. Programming, directing, and execution of the agenda and stage production（節目規劃、督導，議程執行及講台設計製作）

10. Registration（報名作業及報到作業）

11. Speaker hospitality and coordination（主講人接待、旅行安排、聯絡協調）

12. Sponsorship and donation campaigns（贊助捐款勸募作業）

13. Staffing and support services, security（工作人員及支援服務、保全工作）

14. Trade show, exhibition sales & coordination（商展、展示會規劃行銷及聯繫）

15. Travel, lodging, tours and transportation services（安排差旅行程、旅遊規劃及交通服務）

16. Venue search and selection（場地尋訪及選擇）

資料來源：www.pacificrimconcepts.net

四、Event Pro提供活動規劃服務

1. EventPro Planner提供服務項目：

Budgeting	Schedule Tasks
Online-Registration	Automatic Reminders（Actions）
Accommodations	Staff Management
Catering/Full Menus	Detailed Reporting
Setup Items	Itineraries
Attendee Itinerary Venue Overview	Comprehensive Financial Control
Name Badges	Communications
Seating Arrangements	Data Import and Export
2. EventPeo Planner 提供服務特點 及內容：	On Line Registration
	Track Complete Event Details
Ease of Use	Controlled User Security
Wizards	Graphical Event Booking View

Graphical Event Detail Calendar　　Track Suppliers

Highly Customizable　　Comments Fields

Detailed Client Records　　Manage Attendee Registration

Detailed Venue Records

資料來源：www.pacificrimconcepts.net

五、Benchmark Hospitality提供會議規劃資訊

1. 會議規劃的項目：

Defining your Objective

Site Selection － Destination

Site Selection－Facility

Budgeting

Contracts & Negotiations

Complete Meeting Package

Planning & Logistics

Safety and Security

Technology

Food & Beverage

Registration & Promotion

Meet Execution

2.Calculators：Meeting space calculator

資料來源：www.benchmarkhospitality.com

Services that cover the world

- Convention Centre Development / Expansion
- Investment and Asset Development
- Tourism and Hospitality Concept Planning and Development
- Market Assessment and Feasibility Studies
- Destination Management Planning
- Destination Marketing
- Convention Sales Management Systems
- Convention Bureau Measurement Processes
- Strategic Planning
- Financial Planning and Budgeting
- Marketing Plans
- Risk Management Plans
- Human Resource Management
- Performance Evaluation
- Executive Training Services – Sales & Marketing
- Technology Assessments
- System and Organisation Reviews
- System Development and Process Management
- Tracking Database Development & Maintenance
- Product Representation
- Management, Individual and Team Development

資料來源：www.conventionworks.net

七、北京財富論壇籌備參考資料

2005北京（財富）論壇（第9屆）

時間：2005年5月16日至19日

地點：中國北京

參加人數：44個國家，600名世界企業主管及夫人，400名國內政要，77家
全球500強企業，12家美國500強企業，國外企業252家，總人數
847人，參加企業432家，8名諾貝爾獎經濟學者。

籌備單位：

中央政府：國務院新聞辦（邀請國家領導人出席及會見各國代表、邀請
部長級官員及知名學者參加及演講、承辦開幕式及晚宴、設
立會議新聞中心、安排中外記者採訪、與會代表及眷屬接待
參觀）。

北京市政府：成立三十多個部門或單位參與籌備工作，領導小組下設接
待、外賓接待、會務、後勤保障、安全保衛、宣傳和商務
七個小組。

＊ 開幕晚宴：100張餐桌，14家星級飯店抽調及培訓千名服務
人員，全國挑選優秀節目及演員600人參加演出
（聽障人之千手觀音、川劇變臉等）。

＊ 後勤保障：交通：挑選170名司機、158輛會議用車。

通訊：通訊網組、應急通訊車。

醫療：北京國際救援中心醫療救治，12點站、8輛汽
車、58名護人員隨時為代表服務、救護。

衛生：住宿飯店飲食全程衛生監督、防疫方案。

氣象：9個部門氣象會商。

＊ 會務：188名志願工作者及30名翻譯人員服務，戶外掛設
一千六百多面彩旗造勢。

＊眷屬活動：安排約125名外國代表夫人遊長城、故宮、頤和園、什剎海胡同、中國大劇院，學太極拳，欣賞少林功夫及京劇表演，與奧運冠軍交流，紅橋、秀水及古玩市場參觀購物。

＊專機接待：民航總局和首都機場協調部署專機事宜，會議前後12至22日期間，各大企業CEO（Chief of Execute Officer）的公務（商務）專機86架次。一般小型公務機可乘4至10人。

參考資料

一、參考文獻

（一）中文部分：

1. 吳克祥、周昕編著　　酒店會議經營　　　揚智文化事業公司　2002.2

2. 劉修祥主編、許順旺著 宴會管理　　　　揚智文化事業公司　2000.5

3. 沈燕雲、呂秋霞著　　國際會議規劃與管理 揚智文化事業公司　2001.7

4. Taiwan convention facilities guide　　　　觀光局

5. 宿榮江主譯　　　　　會展管理與服務　　中國旅遊出版社　2002

6. 徐筑琴編著　　　　　國際禮儀實務　　　揚智文化事業公司　2001.9

7. 徐筑琴著　　　　　　祕書實務　　　　　揚智文化事業公司　2004.10

8. 周彬著　　　　　　　會展旅遊管理　　　華東理工大學出版社 2003.8

（二）英文部分：

1. David R.Jedrziewski,B.A.,M.Ed.

　　　　　　　　The complete guide for the meeting planner

　　　　　　　　South-western publishing co.　　　　　　1991

2. Incentives & meetings The workbook

　　　　　　　　www.i-mi.com　　　　　　2005 Annual edition

2. Rhonda J.Montgomery,Ph.D. Sandra K. Strick,Ph.D.

　　　　　　　　Van nostrand reinhold　　　　　　　　　1995

3. Richard, A. Hildreth　The essentials of meeting management

　　　　　　　　Prentice-Hall, Inc.　　　　　　　　　　1990

4. Milton T. Astroff, James R. Abbey,Ph.D

　　　　　　　　Convention Management and Service

二、參考網站

1. 台北國際會議中心TICC（Taipei International Convention Center）

網址：http://www.ticc.com.tw

2. 中華國際會議展覽協會Taiwan Convention Association

網址：http://www.taiwanconvention.org.tw

3. 台北世貿中心　　　　　　網址：http://www.cetra.org.tw

4. 中國會展網　　　　　　　網址：http://www.chinafairnet.com

5. 中國會議及獎勵旅遊概覽　網址：http://www.chinameetings.com

6. 中國各大展會信息查詢　　網址：http://data.52668.com

7. 展覽與會議產業相關論文　網址：http://www.texco.org.tw

8. 全球會議網　　　　　　　網址：http://www.meetingworld.org

9. 世界會議展覽（SCMP）　網址：http://events.scmp.com

10. 日本會議局　　　　　　　網址：http://www.jnto.go.jp/MI/eng

11. 德國展覽會網　　　　　　網址：http://www.germanyfairs.com

12. 德國漢諾威展覽會台灣辦事處

網址：http://www.hannoverfairstaiwan.com

13. International Association of Assembly Managers IAAM

網址：http://www.iaam.org

14. The Professional Convention Management Association PCMA

網址：http://www.pcma.org

15. Meeting Planners International

網址：http://www.mpiweb.org

16. The Convention Industry Council

網址： http://www.conventionindustry.org

國際會議經營管理

17. World Council for Venue management WCVM

網址：http://www.venue.org

18. International Association for Exhibition Management IAEM

網址：http://www/iaem.org

11. Convention Work 　　　　網址：http://www.conventionworks.net

三、國際會議作業範例

（一）作業有關規定：

1. 國際會議報告（上網）：

　(1) 200○年○月未來一年內之國外以英文為會議主要語言之國際會議（不
　　　含台灣、中國大陸、香港）製作該會議的中文報告。

　(2) 國際會議場地報告：以前項「國際會議」舉行之「場地」為報告主
　　　題，製作國際會議場地報告。

2. 分組人數：每組六人。

3. 報告封面：課程名稱、主題名稱、組長及組員姓名、系別、班級、學
　　號、序號、製作日期。

4. 上課第○週前選定主題，每組不得重複，可更改題目。

5. 繳交報告日期：學期第○週上課。

6. 簡報日期。

（二）國際會議簡報範例：

國際會議經營管理報告

- 指導老師：○○○老師
- 班級：○○○系○年級○班
- 組長：張○○　學號：
- 組員：楊○○　學號：
　　　　張○○　學號：
　　　　陳○○　學號：
　　　　曾○○　學號：
- 報告日期：　年　月　日

報告大綱

- 會議基本資料
- 會議內容 —— 會議主題
　　　　　　　會議主旨、付款方式
　　　　　　　會議報名、住宿費
　　　　　　　會議取消、期限
　　　　　　　會議接機離境服務
　　　　　　　會議贊助商
- 會議議程　　共6天
- 會議場地
- 住宿旅館
- 評論

PAC06' Location & Place

- 會議地點
  泰國　芭堤雅（Pattaya,Thailand）
- 會議場地
  Pattaya Exhitition and Convention Hall
  （PEACH）
- 主辦單位
  Pacific Asia Travel Association

About Pattaya I

- 位於泰國中部，曼谷東南方約
  147公里處
- 早年是泰國王室海上俱樂部
- 生活核心在南芭堤雅，通稱為
  「條帶區」（The Strip）
- 泰國的黃金海岸，將現代化巧
  妙的融合在自然中

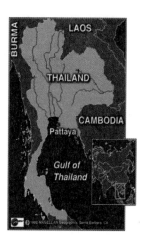

About Pattaya II

- 屬於熱帶季風氣候，終年高溫炎熱
- 擁有許多節慶，吸引了無數中外觀光客的目光
- 位於海濱，食物都是以海鮮爲主
- 有著充滿南國浪漫情調的椰子、棕櫚樹爲背景的沙灘
- 長達3公里的白色狹長沙灘，有「東方夏威夷」的美稱

About Pattaya III

- 高爾夫球愛好者的天堂
- 芭堤雅大象園（PATTAYA ELEPHANT VILLAGE）
- 芭堤雅水上公園（PATTAYA WATER PARK）
- BAMRUNG 水上活動中心（BAMRUNG SAILING AND PARAMOTOR CENTRE）

PAC06' Organizer

■ 主辦單位

Pacific Asia Travel Association
（PATA）亞太旅遊協會
The Tourism Autority of Thailand
（TAT）泰國旅遊局

會議內容

■ 會議主題

"Changing Lifestyles
——New Opportunities"

Three Factors of PAC06'

- 建立關係交流經驗（Networking and contacts）
- 景點、旅行（Destination and tours）
- 學習、洞察力（Education and insight）

PAC06' Registration

- 報名方式　　　付款方式
  傳眞　　　　　銀行匯票
  郵寄　　　　　信用卡
  　　　　　　　銀行電匯

- 報名日期
2006年4月1日前，曼谷的PATA總部報名
2006年4月1日後，在PEACH,PATA年會現場祕書處櫃台

【註】會議正式代表大會名冊截止是2006年3月1日。在這個日期之後報名，將不會被列入正式的代表名冊中。

PAC06' Registration Payment

■　報名費

PATA會員　　　美金＄490　　　同行者　美金＄350

非PATA會員　　　美金＄550　　　同行者　美金＄1200

2005年12月15日前使用VISA卡支付費用，可享5%的折扣

■　住宿費（四晚為單位）

Category A Hotels美金＄400，每增加一晚將加收美金＄100

Category B Hotels美金＄320，每增加一晚將加收美金＄80

Category C Hotels美金＄200，每增加一晚將加收美金＄50

■　PATA年會晚宴（自費）美金＄60

費用將從中捐贈給PATA基金會美金＄5（也可自由捐贈）

PAC06' Cancel Registration

■　取消報名與期限

■　2005年12月15日前全額退款，但需支付100美元的手續費

■　2005年12月16日至2006年2月28日前，退還50%的報名
　　費及全額的住宿費用

■　2006年3月1日後不退款，並從住宿費用中扣除一晚的
　　房間訂金

■　會議結束後，PATA將會退還剩下的3個晚上的住宿費用

PAC06' Arrive & Departure Service

■　PATA 06年會　接機服務
服務時間　2006年4月21日～24日　享有特別通關的禮遇
PATA專人接機
專車接送至下榻的飯店

■　PATA 06年會　離境服務
服務時間　2006年4月26日～28日　享有特別出關禮遇
PATA專人接機
專車從下榻飯店送至機場

PAC 06' Airline Discount

■　泰國航空公司Thai Airways International（TI）
　　商務艙&經濟艙75% discount
■　國泰航空公司 Cathay Pacific Airways（CX）
　　商務艙&經濟艙50% discount
■　中華航空公司 China Airlines（CI）
　　商務艙75% discount　經濟艙50% discount
■　日本航空公司Japan Airlines（JL）
　　商務艙&經濟艙50% discount
■　馬來西亞航空公司 Malaysia Airlines（MH）
　　商務艙&經濟艙50% discount
■　聯合航空公司 United Airlines（UA）
　　商務艙75% discount

PAC06' Sponsors

- 主要贊助商
Thai Airways International

PAC06' Sponsors

贊助商

- 國泰航空公司
Cathay Pacific Airways

- 中華航空公司
China Airlines
- 日本航空公司
Japan Airlines

- 馬來西亞航空公司
Malaysia Airlines

- 聯合航空公司
United Airlines

會議議程

- 議程總共6天。
  （包括正式會議前4／22的PATA教育訓練論壇）
- 會議的進行方式：全體共同討論，專家學者演說，研討會等方式。
- 每日會議時間：A.M. 9:00～P.M. 5:00

PAC06' Day1

4月23日　星期日

"Welcome to Thailand" 泰國官方歡迎晚宴

地點：Royal Cliff Beach Hotel 接待廳

PAC06' Day2

4月24日　星期一

A.M. 9:30～P.M. 12:00

PAC06'開幕典禮

P.M. 2:00～P.M. 3:00

專題討論會－Changing Lifestyles
New Opportunities

P.M. 7:30～P.M. 10:30

PATA 官方歡迎晚宴及舞會

PAC06' Day3

4月25日　星期二

A.M. 9:00～A.M. 10:30

全體代表會議Ⅰ：人口爆炸時代 —— X&Y世代的挑戰

A.M. 11:00～P.M. 12:30

全體代表會議Ⅱ：健康檢查旅行

P.M. 2:15～P.M. 3:45

全體代表會議Ⅲ：特定市場的潛力
—— 新型態的旅行方式

P.M. 4:00～P.M. 6:00

Lifestyles at PAC06：各國代表交流見面會

PAC06' Day4

4月26日　星期三

A.M. 9:00～A.M. 10:30

　　　全體代表會議IV：低成本革命

　　　　　　　── 低成本下如何中維護品質

A.M. 11:00～P.M. 12:30

　　　全體代表會議V：資訊發展驅勢對觀光業的影響

P.M. 2:15～P.M. 5:00

　　　PAC06' 閉幕典禮

P.M. 7:30～P.M. 9:00

　　　PAC07' 下屆主辦國中華台北（台灣）晚宴

PAC06' Day5

4月27日　星期四

■　各國代表離境

■　參加市區觀光行程

■　大會安排之旅遊休閒行程

會議場地（PEACH）

■ 位於芭堤雅的PEACH是一棟沿著海岬懸崖所興建的4層樓建築物，占地約10英畝，距離芭堤雅熱鬧的市中心只有數分鐘的路程。

■ PEACH為大型會議及展覽提供了世界級的場地，提供多種不同用途及會議類型所使用的會要和展覽。

PEACH Characteristic

1‧工程車輛和展示品能直接開入正廳。

2‧一樓場地挑高9.5米。

3‧會場有良好的隔音牆和間壁（空氣牆）。

4‧樓層間有行人穿越道系統（catwalk system）。

5‧提供祕書服務，有設備齊全的商業中心可供臨時辦公使用。

6‧即時多種語言的翻譯設備。

7‧會架設無線網絡，隨時可連接上線。

8‧設有2個辦公室與3個VIP室。

9‧直升機和場。

10‧可停放400輛汽車的室內停車場，並設有司機休息室。

11‧提供三種尺寸的舞台供不同會議使用。

PEACH Profile

- 控制室　　　　3間
- 臨時辦公室　　3間
- 登記櫃台　　　3個
- 自動門　　　　1扇
- VIP室　　　　3間
- 電扶梯　　　　每層樓3座，總共12座
- 洗手間　　　　6間
- 人員穿越道　　9個，每個耐重2噸
- 員工人數　　　84個

PEACH Configuration 1

-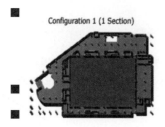

  Configuration 1 (1 Section)

-
-

PEACH 的一樓平面圖，一樓是本次大會的主要會議地點（黃色為主會議廳部分）

面積4,851m²

容量5,800人

PEACH Configuration 2

PEACH 一樓的會議廳可分割成兩種模式，本次大會大多是採用此模式（分成A.B.C.三部分）

■ PEACH A
面積1,643 m² 容量1,760人

■ PEACH B
面積1,455 m² 容量1,950人

■ PEACH C
面積1,751 m² 容量2,080人

■ PEACH A+B+C
面積4,849 m² 容量5,790人

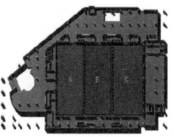

Configuration 2 (3 Sections)

PEACH PHOTO

PEACH PHOTO

住宿旅館

HOTEL GUIDE MAP

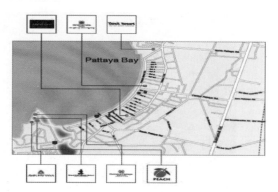

PACO6' Official Hotels

大會合作飯店分為四種等級

- Headquarters Hotel
- Category A Hotels
- Category B Hotels
- Category C Hotels

Headquarters Hotel

- 飯店名稱：Royal Cliff Beach Hotel
- 飯店等級：5-STAR
- 價位：US＄400（only in April 23-27）

Royal Cliff Beach Hotel

■ 座落於迷人的暹邏海灣最佳位置，皇家的設計風格，堅持品質的要求，具有無與倫比的規模，是芭堤雅獨一無二的高級飯店，每間套房都擁有寬大的室內空間。

Category A Hotels

■ 飯店名稱：Dusit Resort Pattaya
■ 飯店等級：5-STAR
■ 價位：US＄320 （only in April 23-27）

Dusit Resort Pattaya Hotel

■ 擁有464間高雅客房的海邊渡假大飯店，綠樹環繞，隱蔽安靜，離鬧區、夜市只要5分鐘車程。2002年榮獲泰國旅遊環保局最高環保獎殊榮。飯店內設備齊全，面海游泳池、健身房、網球場及最值得推薦的藥草蒸氣浴和按摩中心等。

Category A Hotels

■ 飯店名稱：Sheraton Pattaya Resort
■ 飯店等級：5-STAR
■ 價位：US＄320 （only in April 23-27）

Sheraton Pattaya Resort

■ Sheraton Pattaya Resor飯店位在芭堤雅的南端,提供房
客一個舒服的休閒環境,除了安靜的私人空間外,還
讓您體驗到泰國人的友善與熱情。

Category B Hotels

■ 飯店名稱:Montien Hotel Pattaya
■ 飯店等級:5-STAR
■ 價位:US＄320 (only in April 23-27)

Montien Hotel Pattaya

■ Montien Hotel Pattaya 是一家超過30年的飯店集團所經營，座落在芭堤雅的中心，飯店內共有300個客房，每一個套房都可以看到芭堤雅的海岸全景，而房間的設計充滿著泰國的傳統風格。

Category C Hotels

■ 飯店名稱：Asia Pattaya Beach Hotel
■ 飯店等級：4-STAR
■ 價位：US＄200 （only in April 23-27）

Asia Pattaya Beach Hotel

■ Asia Pattaya Beach Hotel位在芭堤雅的北方，距離市中心約3公里。飯店占地約22英畝，有自己的私人海灘，飯店內共有320間豪華套房，全部的浴室都是以大理石裝潢，每間房內都有小型的吧台可供房客使用。

Category C Hotels

■ 飯店名稱：Mercure Hotel Pattaya
■ 飯店等級：4-STAR
■ 價位：US＄200 （only in April 23-27）

Mercure Hotel Pattaya

■ Mercure Hotel Pattaya 是芭堤雅最新開幕的飯店，地點
位在芭堤雅的北邊，只要短短的幾分鐘就可以步行到
海灘或是購物中心。飯店內共有245個客房和4個餐廳
（三個一般餐廳，一個爵士樂酒吧）。

評論　Inside PAC06'

■ 會議整體設計優缺點
　會議地點　　　　　　　★★★☆☆
　議程安排　　　　　　　★★★★☆
　相關行程規劃　　　　　★★★★☆

評論　Inside PEACH

■　會議場地整體優缺點

會場設備	★★★★☆
娛樂設施	★★★☆☆
提供服務	★★★★☆
會場規劃	★★★★☆

報告完畢

報告完畢

敬請指教

謝謝大家

n o t e

n o t e

n o t e

n o t e

n ote

n o t e

n ot e

國家圖書館出版品預行編目資料

國際會議經營管理╱徐筑琴 著.
--初版.--臺北市：五南，2006[民95]
面；　公分 --(觀光書系)
參考書目：面
ISBN 978-957-11-4438-2（平裝）

1.會議 - 管理

494.4　　　　　　　　95014267

1L31　觀光書系

國際會議經營管理

作　　者 － 徐筑琴(346.2)

發 行 人 － 楊榮川

總 編 輯 － 龐君豪

主　　編 － 黃惠娟

責任編輯 － 胡天如　李美貞

封面設計 － 童安安

出 版 者 － 五南圖書出版股份有限公司

地　　址：106台北市大安區和平東路二段339號4樓

電　　話：(02)2705-5066　傳　　真：(02)2706-6100

網　　址：http://www.wunan.com.tw

電子郵件：wunan@wunan.com.tw

劃撥帳號：01068953

戶　　名：五南圖書出版股份有限公司

台中市駐區辦公室╱台中市中區中山路6號

電　　話：(04)2223-0891　傳　　真：(04)2223-3549

高雄市駐區辦公室╱高雄市新興區中山一路290號

電　　話：(07)2358-702　傳　　真：(07)2350-236

法律顧問　元貞聯合法律事務所　張澤平律師

排　　版　凱立國際資訊股份有限公司

出版日期　2006年10月初版一刷
　　　　　 2011年 9 月初版三刷

定　　價　新臺幣420元